什么是技术

胡翌霖 著

湖南科学技术出版社

序

翌霖是一个写作快手。他在读本科的时候就自己开了一个学术博客，平均每天要写5000字的学术文字。随我读博士期间，他出版了他的第一部著作《科学文化史话》(北京大学出版社，2014)。在读博士后期间，他在北京师范大学哲学学院教了一门"科学通史"课程，课程结束就出版了《过时的智慧：科学通史十五讲》(上海教育出版社，2016)。到清华大学科学史系任教之后，他又出版了他的博士论文《媒介史强纲领——媒介环境学的哲学解读》(商务印书馆，2019)。眼前这本《什么是技术》是他的第四部著作了。

以写书的方式表达思想、增进学术，在我们这个时代或多或少被认为有点落伍了，因为我们现在的学术评价讲的是"论文"。这个评价标准，一来自理工科，二来自美国。不过，还在不久的过去，人文学科的学者都是以会"作文"而成为人文学者的。无论如何，擅长写书胜过写论文，不应该是一种缺陷。老一辈学者里，像北大哲学系的何怀宏教授，就自认为擅长写书。翌霖也有这个倾向。我甚至有点担心过多写书会影响他未来的学术晋升。但是，从学术生态角度看，应该容忍甚至赞赏著作等身的学者。这些"印刷时代"成长起来的"思想者"，必得将思想诉诸笔端才行。据说，莱布尼茨就是一刻不停地写，在写作中才能思考。德国学者大多特别能写，全集动不动几十卷。翌霖有点德国古典学者的遗风，虽然他非常清楚地意识到自己的技术环境是"电子"而不是"印刷"。最近，他还从学理上分析说，德国式的"写书"的治学风格不合时宜了，在"写论文"的时代技术要求面前，欧陆哲学注定会边缘化。但是，他还是坚持"写书"，因为"写书"是一种更全面更深入的思考方式。这种"知其不可为而为之"的态度是难能可贵的。

这本论技术的书，是一部技术史与技术哲学交相辉映的书，可谓史中有哲、哲中有史，读起来相当过瘾。我本来一直也想写一本"什么是技术"的书，但近些年精力较多的放在科学史领域，技术哲学的工作推进不大。当他告诉我他又完成了一部以技术为主题的书时，我非常高兴他的"领先"。读到他的这些文字，我经常能发出会心的微笑。有些地方，甚至感觉是我自己写的；许多地方，把问题深入到了我本人尚未触及的深度。

海德格尔说人的存在是一种"在世存在"，不是赤裸裸的存在。"在世"这件事情很多人搞不清楚，以为就是如同一个物体置于牛顿的绝对空间之中。这是错误的。"在世"之"世"，不是牛顿意义上的绝对时空，而是康德意义上的作为先验感性形式意义上的时空。但也不仅如此，海德格尔的"在世"还有一层"有限性存在"的意思——你不能孤立的存在。翌霖把人的存在解读成"媒介性存在"，继承了海德格尔的思想，但却是一个新的说法。人既不是上帝，也不是动物，不能与他者"直接"发生关系，而总是要"通过""媒介"与事物打交道，这个媒介就是技术。因此，人的存在是一种技术性存在。技术对于人的存在有决定性的意义。人的世界首先是技术世界。

技术不仅规定了世界，也规定了人本身，翌霖把这一点概括成"技术即可学的东西"。俗话说"学以成人"，不学无以成人，揭示的也是这个思想。说"技术"就是"可学习"，这把科学、技术与艺术三者以某种方式统筹起来。科学是一种特殊的"可学"，艺术则是一种"不可学"。科学的"可学"是揭示人内在既有的东西，技术的"可学"是扩展人外在未有的东西，技术的极致是艺术。我认为，这套说法有新意，值得进一步开发阐释。

除了这些大的方向性的思想外，在许多技术史的细节问题上，他经常有精彩的思考。比如瓦特，过去认为他的冷凝器的发明深受科学的影响，后来科学史家发现，那时候根本还没有科学的热力学，谈不上影响，瓦特的发明其实就是工匠修修补补传统的延续。翌霖认为，瓦特当然受到了新兴科学的影响，但这种影响不一定是知识意义上的，而可以是方法论意义上的，是精神层面的。这个说法我觉得合理。此外，他把技术史与进化史进行比较，得出了许多重要的结论，这是国际技术史和技术哲学界不曾有过的工作。他认为自然选择与个体自主选择并不矛盾的思想，对我也很有启发。

虽然他禀承着印刷时代的治学偏好，但与电子时代却一点也没有隔膜。就像海德格尔说的，克服技术必先经受技术，翌霖对前沿科技非常熟悉，甚至可以说是弄潮儿。他从少儿开始就玩电脑，后来玩手机，现在玩VR、玩电子游戏——时至今日，还经常在带领学生和同好们一起读书、啃经典文本之余，一起打游戏。他还是比特币爱好者。这些丰富的技术经验，使得他讲的技术哲学有真切的内容。他的确是有能力"面向技术本身"。

技术哲学是一个年轻的学科，与其他的哲学学科相比，中国和欧美在技术哲学方面的差异是比较小的：无论是起步时间，还是思考的深度。根据我对西方技术哲学家的阅读，翌霖在当代世界技术哲学家中绝对可以成一家之言，目前由于他的作品还没有以国际通用学术语言面世，因而没有产生国际性的影响。我希望他今后多写一些英文论文，在国际权威期刊上发表，产生应有的学术影响。当然，作为哲学家，影响同行固然重要，影响自己的时代同样重要，甚至更为重要。是为序。

吴国盛

2019 年 7 月 22 日于圣迭戈德尔马

目 录

第一部分

什么是技术

第1章
在技术时代追问技术

　　我们正身处一个"技术时代"，无论欢呼还是警惕，人们都承认"技术"（或者许多人口中的"科技"）已然支配着我们的生活方式，也将引领着人类未来的走向。它就像中世纪的"上帝"那样，成为又一种"时代精神"，它无处不在，在万事万物中都显示着它的伟力，人们的思想和行动都围绕着它运转。

　　上帝虽然不可捉摸，但人们毕竟可以用各种概念的极限去界定它，比如全知、全能，又比如《圣经》中记载了许多明确的事迹，如造物、立约、复活等。无论上帝是否存在，人们都能够谈论属于它的特征和事迹。

　　然而，这个占支配地位的"技术"究竟是什么呢？

　　显然，它不是"一个"东西，它似乎是一类东西的总称。比如说，哺乳动物、节肢动物等，总称叫作"动物"。是不是像"动物""植物"那样，所谓"技术"无非是采矿技术、能源技术、信息技术等无数技术门类之总称呢？

　　问题还没有得到解答——这一类被称作技术的事物，究竟有什么特点呢？或者说，这个技术时代的特点是什么呢？

朦朦胧胧地在万物中区分出动物和植物并不困难，但是从生物学给出明确的界定并不容易。而我们现在也还需要一门"技术学"，来探究技术的性质和意义。

现代生物学的成熟以达尔文的进化论为标志，通过到自然史中追问物种之起源(图1.1)，人们回过头来理解了当今的生物多样性及其意义。类似地，我们需要的这门"技术学"，恐怕也绕不开这一课题——到技术史中追问技术之起源。

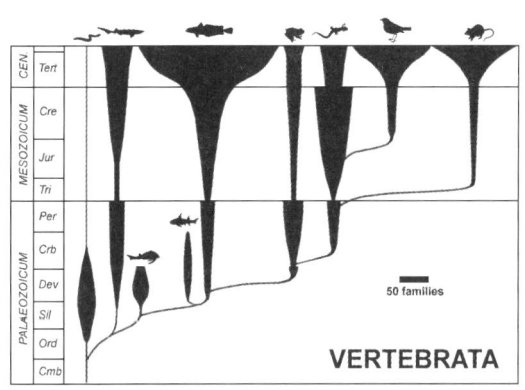

图1.1　基于进化论的物种分类学

不光生物学如此，事实上，当我们追问任何一种变化中的事物究竟是什么，我们首先也总是要追溯其历史。比如说，我们问"中国"是什么时，仅仅在现成的世界地图上勾勒一下边界，是远远不够的。当"中国"影响着某些观点或行为时——比如我们认定某人是中国人，某座岛屿属于中国，某观念是中国特色的，某习俗是中国传统的——起着作用的并不是一条国境线。人们越是能够理解"中国"之历史，就越是能够理解"中国"之存在究竟是如何体现于当今世界的。类似地，当我们追问某个人是谁时，我们也总是要介绍他的"事迹"——他出生于何地，学过什么，做过什么……

在追溯历史时，"同一性"并不总是理所当然的。哪怕是追究一个人的过去，我们也时而会产生这样的疑问：十年前的他和现在的他算是同一个人吗？而当我们追究的并不是一个个体的历史，而是某种笼统的聚合体的历史时，同一性问题往往更加凸显。比如"中国"在历史上分分合合，沧海桑田，你又凭什么说两千多年前一个叫"秦"的国家发生的事情就是"中国的过去"呢？

历史上发生的事情浩如烟海，可以被追究和记述的事情也是数不胜数，但这些事情本身并没有预先贴好哪些属于"中国"，哪些属于"技术"之类的标签。要从纷杂史料中梳理出技术之历史，我们似乎必须知道究竟哪些是技术。

于是，我们陷入了一个"循环"。我们追问技术是什么，就要去追究技术的历史；而我们要理清技术的历史，又必须知道什么是技术。

好在，这样一种循环并不是恶性的。当我们研究某种静止的、固定的东西时，陷入逻辑学循环可能是致命的问题，但当我们讨论的是某种历史性的事物时，这种"认识论循环"是不可避免的。

在我的《媒介史强纲领》^①一书中，我已深入探讨了这一"认识论循环"的意义，有兴趣的读者可以去参考阅读。本书的定位相对更通俗一些，就不再继续这一哲学讨论了。

言归正传，以上的讨论无非是想要说明本书的定位和结构——本书旨在讨论，在技术时代，我们需要知道什么？本书将在技术史与技术哲学之间穿梭，试图理解我们这个"技术时代"的来龙去脉。

---

① 胡翌霖：《媒介史强纲领——媒介环境学的哲学解读》，商务印书馆，2019 年。

第 2 章
技术 = 科技？

汉语中的"技术"一词一般对应于英语中的 technology，有时也可能用来翻译 technique、craft、skill 等词汇。

事实上 technology 一词很晚才形成现在的含义，在西方古代，正如中国古汉语中"艺"字一样，"技术"（art、techne）兼具知识、工艺与艺术等含义。如西方古代所谓"自由七艺"（Liberal arts）包括语法、修辞、逻辑、算术、几何、天文、音乐。至于 technology，字面意思无非是关于技艺的学问，直到 19 世纪，才逐渐形成今天的含义。

我们将在第三部分讨论技术与艺术之分合关系，在这里，我们先从"技术"一词现今的含义说起。

"技术"在今天的含义究竟是什么呢？显然，我们谈论技术时似乎并不是在说所谓"技艺学"，更不是在谈论"艺术"。我们谈论技术时更多地与"科学"联系在了一起。技术也是一种科学化、系统化的知识，或者说技术恰好与"理论科学"相对，无非就是"应用科学"或"科学的应用"。

作为"科学的应用"，技术一词许多时候也被用来直接指称应用的结果，即技术器具或技术装置。有时候也被用来形容应用的效力，如"精密技术""高新技术"等。

难怪近年来在许多场合，人们更多地用"科技"一词与technology 对应，或者更精确一些，与 IT（information technology）相对应。一般在大众传媒上看到以"科技"为名的频道或栏目，基本上就是指 IT，而不是"科学与技术"。

这种混淆当然是出于误解，但也并非没有道理。的确，在今天，科学与技术紧密联合、不分彼此，在生活世界展现出强大的合力，如"洪水猛兽"一般势不可挡。

既然洪水与猛兽都能合为一词，把科学与技术并列当然也是说得通的，它们都是这股改天换地的力量之源头。

然而我们既然要从历史上去追究技术时代的源流，那当然就不能满足于把科学与技术混同不分了。哪怕是今天，把技术看作科学的应用也是过于简单化了，更何况从历史上看，科学史与技术史向来是相对独立的。科学与技术的联盟是一个历史性的结果，正是这一联盟的完成，拉开了"技术时代"的序幕。我们将会在第三部分进一步探讨这二者的历史关系。

"科技"这一概念除了体现出把科学与技术混为一体之外，还包含另一种概念的联合，那就是人们总是把"科技"与"高新"联系起来。

当人们谈论"科技"时，人们想的是苹果的新款手机、特斯拉的电动车、英特尔的最新芯片等，但通常并不包括古腾堡的印刷机、瓦特的蒸汽机或巴贝奇的差分机之类的东西，也不包括铅

图1.2　当我们谈论"科技"时，我们更多想到的是乔布斯的苹果手机，而不是乔布斯鼻梁上的眼镜

笔、橡皮、电灯、桌椅之类的东西。

那些过时的、古代的器物被称作"古董"，而那些时下仍被使用着但又不那么新奇的东西，各有各的称呼，比如工具、文具、家具等。但从历史上看，它们也都是"技术"。

凯文·凯利在他的《技术元素》中引用了文学家亚当斯对技术的评论[①]：

　　1.在你出生时，世界上已经存在的一切，仅仅是正常的。

　　2.在你30岁之前，任何被发明的事物都会难以置信地令人

---

① 凯文·凯利：《技术元素》，电子工业出版社，2012年，第21页。

兴奋和富有创造性。

3.在你30岁之后，任何被发明的事物正如我们所知违反了自然秩序，成为文明终结的开端。直到它存在了10年左右，才逐渐变得真正令人满意。

凯文·凯利指出，人们心目中的"技术"是"一切尚未运行完好的东西"（Everything that doesn't work yet.）或者说，尚未"奏效"的东西。他接着评论道："我们不再认为椅子是技术，我们只是把它们看作是椅子……可过不了多久，电脑也将像椅子一样，成为微不足道的和到处都有的事物。"

蒸汽机早已发挥过作用，而椅子仍在起作用，而正在来临的新技术尚未真正起效，因此最能引起人们的注意。

这里暗示出"技术"的一种奇妙的特性，那就是说，它的"效果"是隐而不彰的。一种技术越是起效，它就越是不起眼。

一个近视眼很少会关注自己的眼镜，只有在刚戴起来或者眼镜损坏、起雾时才会去关心它。而一架良好的眼镜就应该尽可能减弱自己的存在感。

人们总是通过技术去做什么，技术作为达成效果的工具或媒介，是相应活动的背景。背景的作用是突显出主题，但它本身却不是主题。

于是，当一种技术最大程度地起作用时，恰恰是它最不引人瞩目的时候。然而，如果我们想要历史性地追溯技术的来龙去脉，我们就不得不聚焦于这些"微不足道"的东西。

第3章
习以为常的不寻常

站在技术时代的风口浪尖，许多人茫然无措，就好比即将走出校园而需要选择职业的年轻人那样，他们关心自己的前途，关心那些即将来临的、尚未经历的生活方式。他们想要谋求美好未来，便热衷于打听和推演各种新鲜事物的特点。

当然，这是正确的策略，但仅仅聚焦于未来显然是不够的，要知彼还要先知己，许多人一直都只是被环境裹挟着前进，对自己究竟喜欢什么、追求什么、擅长什么，甚至知道什么，都浑浑噩噩不明不白，那么他又如何能在环境剧变之际认清自己的位置呢？如果对自己的过去和当下都稀里糊涂的，那么对于即将到来的事情了解得越多，也许反而更容易迷失方向了。

许多人打小就是"提线木偶"，顺从父母和师长的安排一步一步应试，最后他可能也缺乏反思自我的能力，只能继续随波逐流，随便选一个看起来时髦的前途就可以混吃等死了。但如果要真正自由地认清未来的道路，就必须从随波逐流的状态中超越出来。

这就需要意识到，迄今为止在我生活中的所有看起来理所当然的"安排"，都不是绝对必然的。我们的整个生活方式中所有习以为常的环节，每一种来自父母、师长和社会环境塑造的东西，都是历史性的结果。不说千百年前，哪怕是几十年前，人们的生活方式也迥然不同，到几十年后，或许又会天翻地覆。

许多人满足于"提线木偶"的状态，把自己活成了一件技术用具——年少时为了家长的要求而活，成年后为了老板的指令而活，总是把自己沉浸于"忙碌"之中，为了一个又一个紧迫目标而奔波。偶尔空闲下来，就沉浸于动物机能之中，如吃喝、睡眠、交配等，最具创造力的活动大概就是看看电视上上网。似乎生命的意义仅在于"混吃等死"而已。

我的书并不是写给这些人看的，如果说这本书有意义，前提是对理想的生活方式的思索与追求是有意义的。我们想要自由地"生活"，而不仅仅满足于"活着"。

机器或动物不需要反思，但每一个人必须反省自己的过去，才能承担起属于自己的自由。而对于人类而言，也只有认清历史，才能在技术环境的剧变下自由生存。在这里，历史的意义并不是大量事不关己的猎奇知识，而是帮助我们超越时代的局限性，打破习以为常的成见和定势。

我们当下的日常，每一件我们认为理所当然或平凡无奇的事情，在历史上的某些人看来，都曾是令人惊异的，在更早的人那里，甚至是无法想象的。但在未来的某些时刻，这些事情可能又变得奇异、陌生。

眼镜和椅子之类的事物，对人类生活世界的塑造，在某种意义上不逊色于手机或电脑。只是它们的塑造早已完成。但它们究竟塑造了些什么呢？追溯历史，还原到它们最初流行起来的时代境遇中，才能更深刻地理解它们对生活世界造成的冲击。即便是那些已经过时的技术，它们在历史上产生的作用，也仍然可能沉淀于我们的生活世界之内。

图1.3　椅子随着佛教传入中国，在宋代流行起来。椅子的应用需要移风易俗，改变传统的社交礼仪，并塑造新的文化观念

椅子的引入，并不只是在原有的生活方式中额外增加了一点舒适度的问题，它要求移风易俗，改变传统的礼仪和习惯，甚至改变某些伦理观念。同时，它又塑造了许多新的观念，比如"太师椅""头把交椅"等。中国直到宋代才经由佛教的传播普遍接纳了椅子，而日本甚至到现代仍保留跪坐的传统。在逐渐接受椅子的

过程中，不同性别、不同身份、不同信仰和不同阶层的人群也呈现出不同的态度或影响，例如南宋陆游在《老学庵笔记》（卷四）中还提到："往时士大夫家，妇女坐椅子兀子，则人皆讥笑其无法度。"这一句话里就蕴含着历史（往时）、阶层（士大夫）、性别（妇女）、技术（椅子）与伦理礼仪（法度）之间的联动关系。

技术史不只是技术的发明创新史，更是文化史、观念史和社会史的综合。归根结底，技术史是一门反思的学问，对于任何习以为常的事物，我们追溯其起源和演变，回到它仍然显得不同寻常的历史语境之中，体味其意义与影响。技术史能让熟悉的事物变得陌生，同时让我们熟悉陌生的事物，经过这种"解构—重构"的循环，帮助我们打破固有的成见，跳出时代的局限。

第 4 章
技术塑造生活：以钟表为例

除了椅子，每一种技术或器具都参与着我们生活世界的构成，不但塑造着我们的习俗，也影响着我们的思想观念和看待世界的方式。

从每天一睁眼开始，我们就身处技术物的环围之内，我们所认知的时间与空间也都是经由技术转译了的现象。

比如说，我被手机闹钟叫醒，从显示屏上读取了当下的时刻，计算着为了准点上班所需耗费的时间。

钟表和手机可以用来"看时间"，这一动作看起来很寻常，但细一琢磨，其实颇为奇妙。首先"时间"这种抽象的东西，竟是可以用眼睛"看"到的；其次，这门技术是有用的，那就是说，我们"需要"看时间。

那么问题来了，我们这种"看时间"的能力和需要是哪里来的？

显然我们并不是每时每刻盯着钟表不停地看时间，我们总是在某些"时机"去看时间。那么，我们究竟在什么时候，需要看时间呢？这个问题本身意味着，在我们看到钟表上的"时间"之前，我们就对"时候、时机"有所把握了。

这句"何时看时间"中的两个"时"是什么关系呢？它们既相通，又不同。前一个"时"更原始，或者说更混杂，它是我们生活中在各式各样的行动和场景中遭遇到的，而后一个"时"则是由钟表这一种特定的技术物呈现给我们的。

在钟表已经司空见惯，已经渗透在我们的生活世界的每个角落之后，这两个"时"之间的界限已经模糊不清了，它甚至反过来塑造着我们对前一种"时"的理解。但是在钟表还是一种新奇技术的时代，它的出现和流行，其实是对"时间"观念的一次冲击，一种侵蚀。

我们要回到14世纪的欧洲，最早的机械钟在中世纪的修道院出现了。当然古代就有各式各样的计时工具，但机械钟带来了全新的特点，简而言之，就是它让我们能够"看时间"。古代的"钟"指的是鸣钟，是通过听觉来报时的，西方修道院更早也是依靠打铃。日晷当然也是拿眼睛来看的，但本质上其实还是在看日头，日晷可以说是让我们更精确地"看日头"的技术。而机械钟一方面脱离日月星辰，似乎可以自动运转，因此它给出的"时间"仿佛也是某种脱离一切语境的独立之物；另一方面机械钟给出了视觉的时间，让我们去看、去读。

为什么最早的机械钟是在修道院里流行起来的呢？道理也很简单，因为只有修道士才需要"看时间"。农夫和市民不需要看时间，他们只需要看日头、听打更，他们所需要的时间都是语境化

图1.4　最早的机械钟在修道院设立

的。所以我们发现西洋钟传入中国的时候也没有被当作一个实用的工具，而是更多地被当作有趣的玩物、工艺品被需求着，故宫博物院收藏的大量西洋钟都是用来赏玩的，因为当时的中国人并不需要"看时间"。

只有修道士需要"看时间"，因为他们建立了一种超越现实生活之外的纪律，他们需要遵循上帝的节奏，而不是任何现实事物的节奏，不是在"日出"或"午后"祷告，而是在"祷告的时间祷告"，所以他们对"报时"的严格性和稳定性的要求，超过了其他世俗生活方式的要求，机械钟对他们而言才是有用的。

很多革命性的新技术，并不是解决了某些需求，而是塑造或生产着新的需求；并不是满足了某些生活方式，而是塑造着新的

图1.5 赏玩而非实用的西洋钟

生活方式。机械钟就是典型的例子，它推动着"看时间"的需求，重塑了人们的生活节奏。直到工业革命之后，"看时间"不再只是修道士等少数人群的需求，而开始成为所有人的需要。所以技术史家芒福德讲，工业时代的关键机器与其说是蒸汽机，不如说是时钟。

习惯于"看时间"后，人们更倾向于以视觉而不再是听觉，来感受时间的存在。麦克卢汉认为，这正是视觉中心主义对古老的声觉-触觉空间的瓦解。视觉突出了时间的客观性和均匀性，而消解了其遭遇性和突然性。麦克卢汉甚至主张，这种受时钟和印刷机强化了的新感知方式，决定了现代科学抽象化、对象化的思维方式，也决定了现代人冷漠化、个人主义的生活态度。

在今天，机械钟逐渐退隐了，我们生活节奏的最新支配者是手机，而手机的屏幕上最显眼的往往还是"时间"。随着技术的进步，我们仿佛能够越来越精确和自主地控制时间，我们能够把闹钟定到7点59分或8点01分，仿佛控制权很强了，但9点上班可是身不由己啊。我们的技术越来越精细地控制着时间，而我们的生活节奏也越来越深地被技术所主宰。

第 5 章
技术 = 媒介

我们从"技术 = 科技"这一肤浅理解出发，说到"技术"不止体现为令人惊异的新奇事物，更体现为那种让事物变得"寻常"的力量。不但互联网、大数据是"技术"，椅子、钟表也是"技术"。那么，回过头来，关于什么是技术，我们能否给出一个更好的定义呢？

事实上，回答"什么是技术"这一问题，是贯穿这整本书的任务，我们已经说过，回溯其历史乃是理解某物是什么的方式。但这也并不意味着我们不能够用简短的语言来界定它。

例如，当我们问"张三是谁"，回答可以是：张二是清华大学的教授，张三是李四的丈夫，张三是某本书的作者，等等。以上每一句话都是准确的，同时也都是片面的。我们不能抱着一个定义不放，就以为凭一句准确的命题就一劳永逸地理解了张三是谁，但我们毕竟也总得一句话一句话地介绍才行。在本书中，我们将用多种方式，从多个角度，来界定技术是什么。

麦克卢汉把媒介定义为"人的延伸"，我们在这里不妨直接借用，"技术 = 人的延伸"，但仅仅这一定义并不能说明什么，关键在于，"人"又是什么呢？我们需要循序渐进，从各个角度剖析技术是什么。

麦克卢汉谈论的"媒介"是广义的，基本上可以看作"技术"的同义词，那么，我们首先可以抛出第一条小命题："技术＝媒介"。

前面我们讲到，今天的"技术"概念，已经很大程度上科学化了，但同时，更传统的意象也并没有完全消失，也就是技能、技巧这一层含义。当我们谈论格斗技术、游戏技术之类时，"技术"更多地是"技巧"的同义词，而不是"科技"的同义词。

当我们谈论某个人的技术时，我们谈论的是某种可以通过学习和训练，内化为他个人能力的东西。

于是，"技术"一词在通常的用法中，就包含有"外化"和"内化"两重含义。

"科技"这一理解偏向于"应用"或"实践"，在这个意义上技术意味着把内在的知识付诸外在的器具或产品。甚至有时"技术"直接指代具体有形的装置和器具。

而"技巧"这一理解则偏向于"潜能"层面，关涉到无形的、内在的能力，而这种能力是可以学习、培养和操练的。

这两重含义并不矛盾，这恰好暗示出为何麦克卢汉会把"媒介"视为"技术"的同义词。所谓"技术"既不只是外在的对象，也不只是内在的潜能，而恰恰就是那个在"内"与"外"之间沟通协调的"媒介"。

整个现代思想深受笛卡儿以来的"心物二元论"思维方式的影

响，认为人的内在世界（思想、意识）和外在世界（物体、客观对象）是相互独立的，然而这内外之间如何可能相互沟通，就成了一个大问题。这里牵涉到理解整个哲学史的大问题，我不会太过深入，嫌烦的读者也可以直接略过。

首先，"媒介"的存在揭示出人的有限性。全知、全能的上帝没有任何阻碍，可以"心想事成"，想知道什么就知道什么，想做到什么就做到什么。但人类不行，人类不能"直接"地、毫无阻碍地在世界中畅行。人类想要认识世界，或者改造世界，就总是要"通过什么"。在这个意义上，"媒介"是人们通达目的的阻碍。

就像水既提供游泳的阻力，又提供游泳的浮力那样，"媒介"对于人而言既是通达的阻力，也同时提供了通达的可能性。如果不借助于媒介，我们什么都干不了。

笛卡儿以来，现代哲学家们发现了"媒介"，但他们仍然奢望模仿上帝，寄希望于通过对"媒介"的选择和改进，尽可能无阻碍地、直接地通达对象。但到了马克思之后，或者说到了胡塞尔和海德格尔之后，越来越多的哲学家清醒过来，意识到"上帝视角"的虚妄。与其不切实际地设法去除媒介，不如深入反思媒介。

人们意识到，"内"与"外"都不是首先互相独立地孤零零矗立在那里，默默等待着媒介去架设桥梁。相反，"内"与"外"的边界倒是不断由媒介塑造起来的。

媒介决定了内在意识的"表达方式"，也决定了外在对象的"呈现方式"。它不只是中立透明的传递通道，还参与一切内外事物的塑造。

"技术=媒介"也进一步解释了为什么只有高新科技容易受人关注，而"寻常"的技术往往被人忽略。因为当"媒介"正常运转时，我们总是径直穿过它，关注于其通达的对象。

这也提示出反思技术的困难所在，因为如果要专题考察某件事物，我们似乎就不能再把它作为媒介，作为环境，而必须把它作为对象，置于中心了。把眼镜放在对面冷静观审，可以了解到眼镜的结构与材料，但很难理解其"作用"。

图1.6 透过眼镜看

好在，在"日用不知"和"抽身旁观"之间，并不是截然二分的，还存在某种中间状态，某种切换和游移的状态。

在科学的、客观的态度和日常的、沉浸的态度之间，恰好是在"学习"或"试用"时的状态。例如在我拿起麦克风，但尚未投入演说之前，我可能会去"试音"。此时我已经开始使用麦克风，但却尚未把通过麦克风所传达的东西作为焦点。我可能只是发出"喂喂喂"之类无意义的音节，或者通过麦克风询问"后面的同学听得见吗"。在这个时候，我们既在使用麦克风，又可以说尚未使用它，我们既关注麦克风，又可以说并未关注它。我们在留心着麦克风所传达的东西，但并不真正关心它的内容。我们注意听着，但并不是注意到"喂喂喂"这几个音节本身有什么寓意，而是在注意或检查麦克风对话语的影响或作用。以这样的方式，我们恰好是在研究媒介的作用，但又不把媒介置于聚焦的中心。

这也再次确认了，为什么技术史的追溯是反思技术的必要方式，因为我们只有回溯到技术刚刚流行，人们仍在"学习""试用"的时候，才能追究这些技术对于人们的生活世界所施加的作用。

第6章
技术 = 可学的东西

上面说到，我们可以通过聚焦或重构技术的"学习"阶段，以理解技术的作用。这又蕴含着技术的一种基本特性，那就是，它是"可学习的"或"可能学会的"东西。

技术往往被理解为指向某种认识对象或实践目的的中间过程，即手段、媒介、工具。但这种手段或工具并不是天然就内在于我们的本能，而是需要后天去学习掌握的东西。

在当今，最典型的技术器具早已不再是锤子、梯子之类趁手的工具，也不再是水坝、发动机等功能明确的机械装置，而是电脑、智能手机之类功能杂多且目的不明确的东西。

海德格尔把"合目的的手段"看作流俗的技术定义并展开追问，他讨论的典型案例是锤子（古代技术）和水电站（现代技术），但在今天，流俗观念中最典型的技术产品——智能手机，却不再那么像一种单纯的手段了。即便如此，"可学的东西"这一定义倒仍然适用。

当然，说手机是一个合目的的手段也不错，在任何一个具体的语境下，被使用的手机都有着这样那样的目的。但这些目的并不是先行就有的，与其说手机是一个合目的的工具，不如说是生产目的的工具。

记得我小学五年级的时候，我爸给我买了第一台电脑（586），再后来又开通了拨号上网。当时他并不清楚电脑究竟能做什么，只是觉得它是新潮玩意，据说很高端，本着不让孩子输在起跑线的原则，就买来给我学着玩了。对我来说，我最初也不清楚这电脑究竟能做啥，我知道它能用来打游戏，但我也知道它不只可以用来打游戏，至于它究竟能做啥，我边玩边学，找出了越来越多的用处。

我的经历应该是典型的，现在的孩子最初接触到智能手机估计也是这样，它首先是作为一个类似玩具的东西被上手的，玩具并不向外指向某些目的，或者说它本身就是目的。但手机或电脑又不仅仅是"玩具"，它们确实是最典型的"技术器物"，还有什么比它们更适用于"技术"一词呢？

像手机、电脑这样的技术物，或者所谓的"多媒体技术"，是多重媒介的聚合，"通过"它们可以指向无数的目的，呈现不同的对象。这类技术是电子时代的特产。但事实上，古代技术也有类似的效应，没有一种技术是孤立的，不同维度的不同功能总是聚合在一起，例如桥梁、道路和车轮会聚在一起。只不过古代技术的会聚没有那么浓缩和固定，以至于可以被"封装"到一起。

"合目的的手段"这一定义中最成问题的倒不是"目的"一词，

而是"合"，让人感觉似乎"目的"是现成的，然后去合乎它，就像合理、合法，又好比真理的符合论，也是讲命题需要去"合乎"某个现成在那里的东西。然而我们看到，这个"被合乎"的东西并不是现成摆在那里的参照物，而是随着手段的运用逐渐被生产出来的。

所以，这个"合"更确切地说，应该是"会合"之"合"、"磨合"之"合"，不是一方向另一方趋近，而是双方互相交互，经过摩擦和试探，逐渐会合到一起。在会合的过程中，双方都在发生改变。

"会"这个词很奇妙，它还包含能用、善用的意思：我会用电脑，会使手机，会抡锤子，这都是表示我对某项技术的掌握。但什么叫"会"呢？这个意义上的"会"与"会合"仍然是一致的，"会用"也是一个磨合的过程，任何技术都需要我们去"学会"。

"学会"技术的过程恰好就是让手段与目的相"会合"的过程，学习未必是简单地模仿一套使用现成手段达成确定目的的刻板程序，学习是一个探索和交互的过程。即便有一本说明书、教材或一个老师教你如何使用电脑，你所掌握的用法往往也会远远超出老师的传授，更何况，在许多情况下，孩子学会用手机和电脑基本都是无师自通的。

为什么人可以无师自通地学会某项技术呢？一方面，因为技术总是"人的延伸"，是为人的身体而设计的；另一方面，使用技术的方法总是以某种形式被"储存"在人体之外，例如在器物的构型之中就蕴含着如何使用的提示，当你看到锤子的手柄和铆钉的

图1.7　玩iPad的小孩

钉帽时，就猜得到该握住哪里并向哪里打击。另一些提示则以文字和语言的形式由说明书或其他人向你传达，观摩他人使用技术当然也是一种学习的方式。

图1.8　锤子的外形"邀请"着你以特定的方式把握它

总之，学习是人的身体与外在的器物相会合的过程。学习的过程就是把这些外在的东西内化成自己的行为或习惯，同时也会把自己的身体外化出去，例如我可能根据自己的身体习惯调整锤子的重量和长度，我可能根据自己的偏好为电脑安装软件和升级硬件，我也随时可能把我的使用经验反馈给其他人，包括器物的制造者和教会我使用它的老师，在收到反馈后他们又可能把新的东西传达给我或下一个学习者……整个学用技术的过程是一个由内到外、由外而内的双向的交互磨合。

说到这里，所谓"可以学会的东西"，不仅仅是技术的特征之一，也可以视作对技术的一种定义，也就是说，技术总是可以学的，而反过来说，可以学的东西也总是可以被看作一种技术。

无论是从器物层面来说，还是从行为技巧方面来说，当我们说"技术"的时候，指的都是某种可以学的东西。技术之可学分两个层面，一是制造，二是使用，这两个层面恰好就在技术物中交会，制造者和使用者互相磨合，其结果就是技术器物的生产和传播。

有一些"制造"是不能学的，比如大自然的鬼斧神工，一块石头，我们把它看作自然物而并不是技术物，不在于它能否被使用于某个目的（石头可以是合乎敲核桃这一目的的工具），而在于它的生产是不可学的。而人类生产的技术物，其制造过程是可学的，当然一些高明技艺的失传是另一回事。当我们说某个器物是技术物时，至少在原则上，它是可以被仿制的。而那些因为技艺太过高明而难以被学习的人工制品，往往会脱离技术物的范畴，变成艺术品。当我们评价一个工匠的"技术"时，我们指的也是他学会的或者说磨炼而成的那些身体习惯。顺便说一句，从炼金术开始，人们试图学习自然的鬼斧神工，制造出与自然物一模一样的人工制品，这动摇了自然与技术的传统界限，是现代技术世界的肇始点之一，但即便如此，在现代人的日常观念中，技术仍然是被当作与自然相对的概念而理解的。

"可以学的东西"似乎指的恰好是"科学"，是数理化的科学知识。但这些似乎只是"技术"之下的一个非常独特的特例，在某种意义上科学属于技术，是某些特别的记忆技术、运算技术、实验技术、预测技术的总和。事实上当我们谈到"学会""练习"这些词汇的时候，往往都与"科学"无关，例如学车、学电脑、学唱歌、学喝酒、学雷锋、学做人……这些"可学的东西"如果能归入广义的"科学"，那就更可以归入广义的"技术"了。关于科学与技术的关系，我们在第三部分还将讨论。

第二部分

技术与学习

第 7 章
学习如何可能

前面讲到，"技术"是可以学的东西，那么"学习"又是什么呢？

学习是一个过程，从不知、不懂、不会到知晓、熟悉和精通的过程。但是人是如何可能知道某种原本不知道的东西呢？

古希腊哲学家柏拉图在《美诺篇》中提出了一个深刻的问题："一件东西你根本不知道是什么，你又怎么去寻求它呢？你凭什么特点把你所不知道的东西提出来加以研究呢？在你正好碰到它的时候，你又怎么知道这是你所不知道的那个东西呢？"①

这一"美诺诘难"看似诡辩，但细究起来蕴含着西方哲学史的一个根本问题，那就是先验性的问题。简单来说，就是"知识如何可能"这一问题。

人的感官世界纷繁复杂，用时髦的话讲，人类每时每刻都处于"信息爆炸"的环境下，新的信息从四面八方，通过各个感官，纷至沓来。而我们需要把其中的一小部分信息摘取出来，整理成"关于

---

① 柏拉图：《柏拉图对话集》，王太庆译，商务印书馆，2004 年，第 170—171 页（80D）。

某物"的知识，这是如何可能做到的呢？

正如"美诺"所说，我如果碰巧遇到了某种新的信息，我凭什么把这一信息纳入我关于某种并不知道的东西的知识之中呢？这就意味着，当我们实际获取关于某物的知识之前，我们对于此物就已经有某种了解了。

这种先于具体经验的知识，或者说使学习成为可能的前提，就是西方哲学传统中所谓"形而上学"的主题。形而上学不关注事物具体是什么样的，它关注的是"……是……"本身。当我们研究或学习某物"是什么"之前，我们先得把握"某物是"。

柏拉图本人用"灵魂不朽"来回应美诺的诘难，他认为，学习无非就是"回忆"，只有预先已经知道的东西才可能被学习，因此人们的确已经预先知道了所有的事物——在永恒的"上界"，每一种东西的本质，或者说每一种事物的原初的"一"，都向人的灵魂敞开着，自由的灵魂早已知道了一切事物的本质。然而在投胎降生之后，有朽的肉体污染了灵魂，于是人们忘记了一切，这才需要通过教学过程逐渐回忆起来。

但问题似乎仍然没有解决，比如说乌鸦的理念是"一"，但现实中的乌鸦成千上万各不相同，我们如何可能把它们恰好都认作同一个理念的分化呢？

事实上美诺的诘难对于我们已有了解的东西而言也同样适用，即便我们已经知道某种东西，那么我们如何可能对这种东西增加新的知识呢？比如说，我们知道"天下乌鸦一般黑"，以为乌

图2.1　柏拉图认为肉身是灵魂的束缚，自由的灵魂才能直面真理

鸦是黑的，然后我们发现了一只白乌鸦，是不是就更新了我们关于乌鸦的知识了呢？但问题是，我们凭什么会把这只新东西归入乌鸦呢？既然已知乌鸦都是黑的，白色的东西怎么还会被当作乌鸦来认识呢？

可见，关于某物之为某物的"先验知识"，并不只是可以一条一条累积起来的命题知识，而是需要某种"原始的学习"，用海德格尔的话讲，任何事物作为某物被认识之前，首先需要作为"这一个"站出来——"这种自立的，不支离破碎的东西，就是本身被聚集的东西，即被带到某种统一中的东西。"①

任何学习都是在一个业已习得的背景中进行的，这个让各自

---

① 海德格尔：《物的追问》，赵卫国译，上海译文出版社，2010年，第169页。

新知识井井有条地"填入"相应空缺的背景，可以称作图式（Schema）或者说架构。只有预先建立了一种整体的架构，我们才有可能从纷杂的信息中吸取知识。

近代哲学史中，康德试图证明，人拥有某种先天的图式，这一图式在尚未填充内容之前就已经决定了知识应当遵循的基本规律。但康德试图从先天图式中架构出一套知识体系的努力并未成功，他没有意识到，这种"先验"的图式未必只是"先天"的，我们在出生之后，通过成长与学习，我们的认知架构或先验图式会不断重塑和改变。

人先天所拥有的，大概就是自己的身体，但对于身体的运用和感受，也需要学习。婴儿出生后首先就要学会控制自己的身体，就这一点而言，人和动物并无分别，但区别在于，人的身体特别孱弱无能，如果仅仅依靠善用自己的身体，人类无法在世界上立足。人还需要不断"延伸"自己的身体，扩展自己的认知架构。这个不断扩展的架构，为不断充实各种新知识进来准备了空位。

我们不再深究哲学家拗口的说法，相关的深入讨论可以参考我最近出版的另一本书——《媒介史强纲领》。在这里，我们只需要确认这样一个基本结论：学习的"循环"是绕不过去的，学习总是需要预先掌握某种背景架构，而这些先行的知识框架又是其他学习过程不断修补的产物。

要反思自己的知识，就要深入挖掘自己的认知架构，而要对此展开"解构"，我们又回到了"技术史"。一方面，我们可以从个人的成长史，也就是各种技术的学习史中，追溯知识的起源；另一方面，我们在成长过程中之所以要去依次学习这些而不是那些技术，这又是时代的影响，是历史性的命运。追溯技术史，可能把那些沉淀于我们思维模式之内的层层结构还原出来。

第 8 章
向老祖母学习

谈起学习，我们很容易想起中小学的时光，可亲或可怕的老师们教导着我们。

课堂教育这种学习模式是比较新的，至少在印刷术兴起之后，老师讲解教科书这样的学习模式才成为可能。实际上，现代的基础教育体制基本上是在法国大革命之后才逐渐成形的。

但古代人也需要学习，每个人自出生起就不断向父母和长辈学习。在"老师"并未成为专门职业之前，"老人"就是主要的教学者。

学习的历史与人类和技术一样悠久。人类这种动物非常独特，我们在第五部分会专门从生物学的视角探讨人与技术的进化，在这里我们先谈一个生物学特点，那就是"老人"的存在。

"老祖母"是人类的特产，我指的是，在失去生育能力（绝经）之后，人类女性仍有漫长的寿命。在其他野生动物中，除了虎鲸等极个别的例子之外，并没有发现绝经的现象。

在进化论的视角看，按照"自私的基因"的逻辑，物种个体存活的意义无非是繁衍后代，因此当个体失去繁衍后代的能力时，继续活着并与后代争夺生存资源，就是得不偿失的事情了。于是"老祖母"对基因繁衍而言完全是累赘，在动物界自然就没有立足之地了。

当然，远古时期人类平均寿命极低，老人极少，但这主要是受到早夭和难产的拖累。原始部落中的妇女一旦熬过育龄期，也是大有可能活到60来岁的。因此，在最原始的部落中，也总是有年长者存在的。

那么长寿的基因对于人类而言有何意义呢？

从基因繁衍的角度看，老祖母虽然不能再亲自繁殖后代，但是她的存在必然能让已经出生的后代们更好地繁衍，这才能解释长寿基因何以能在进化史中立足。简言之，老祖母的意义就在于，通过"带孙辈"，增加后代的存活率。

的确，人类的幼儿也非常孱弱，有着比其他动物更加漫长的发育期。这又是人类的另一大生物学特点。甚至有学者提出了所谓"早产儿假说"，指出为了直立行走，人类女性的骨盆变窄，不利于婴儿降生，另一方面，由于大脑变大，难产的问题日益严峻。结果是人类相对于其他灵长类动物而言，新生儿的体重相对成年个体的比例是最低的，每个人都是"早产儿"。

这就导致人类婴儿出生时非常孱弱无能，必须更长时间接受长辈的照料。而且，人类的儿童体形明显幼小，一直到十几岁，体形仍然明显比成年体幼小，这就意味着在漫长的十几年发育

图2.2 相对其他哺乳动物而言，灵长类动物普遍有更长的寿命和更长的幼年期，因此也得以拥有更显著的社会性或文化性，人类相比其他灵长类而言尤为显著

期内，人类幼体的觅食能力始终很弱，而且生育能力也很晚才成熟。

那么这段漫长的成长期又是怎么回事呢？如果说老祖母的意义是抚养幼儿，那么为什么幼儿的阶段也那么漫长呢？难道就是为了让老祖母有事可做吗？

没有生育能力并且欠缺觅食能力的老、幼这两个阶段，加在一起占到了一个人一半以上的寿命，这么多时间和相应的资源都被"浪费"在不能生育的阶段，究竟有什么繁衍优势呢？

说到这里，答案已经呼之欲出了：人类之所以存在老祖母，是因为有利于抚养幼童，而之所以幼童需要长时间的抚养，是因为人类需要从这段成长期中获得他生物学身体之外的某种东西，而这种东西是需要老祖母带给幼童的。

很显然，这种东西恰好就是"技术"，人类在性成熟之前，除了需要等待身体的发育之外，还需要习得必要的知识和技能。上述写在人类基因上的独有特色，当且仅当服务于技术的传承时，才显示出生存的优势来。

体格幼小和青春期漫长，虽不利于觅食，但却有利于接受教育。在需要一段时间用来学习的前提下，很容易发现，这段必须由其他长辈抚养照料的时间里，体格的弱小反而有利于节省粮食。另外，体格弱小也有利于长辈进行管教，想象一下如果小学生就已经和成年人差不多壮而且已经有生育能力了，可怜的老师还管得住他们吗？

而衰老的祖母虽然不再善于觅食，但却积累了更多经验知识，比强壮的年轻人更适合担任老师的角色。

一代又一代的老人教育着幼童，保证了技术的稳定传承。而在生物学身体之外的技术力量，恰恰是人类这个物种的生存优势所在。老人与技术互相成就，形成了自然界中最独特的一支物种。

第 9 章
老祖母的隐退

人类独有的老祖母保障着技术的传承，但悲哀的是，人类技术经历了数百万年的缓慢发展，在最后的一万年内突然爆发，从农业文明到工业文明再到今天这个信息技术的时代，技术代际传承的方式已经悄然改变了，所谓兔死狗烹、卸磨杀驴，在技术的时代，蓦然间，我们发现老祖母已经失去立足之地了。

谁替代了老祖母呢？就是技术本身。自从农业技术让人类过上定居生活之后，许多人造物开始比人类自己更加长寿。原始人居无定所，除了双手拿得起的东西之外并没有多少传承之物，技术的传承全靠老人的言传身教。但定居之后，人类的生活世界中出现了许多比老人更老的东西，它们也成了知识的载体。

特别是文字的发明。让知识的传承不再必须由老辈向小辈言传身教。人们不只可以向老人学习，也可以向泥板、竹简和纸张学习。

另外，人类技术多样性的发展促进了"分工"的出现，人们开始按照不同的定位各司其职，而"教师"也逐渐成为一种特定的职业。一部分青壮年可以不考虑觅食问题，专事脑力，包括成为专注于培养孩童的职业教师。

因此，随着人类文明的兴起，老人在知识传承方面逐渐变得不那么必要了，但他们仍然没有失去立足之地。因为任何依赖学习和操练的技术，总是讲究熟能生巧，经验越多，阅历越广，自然也就越是精通。因此同样是传授知识，老人仍比青壮年更加称职。"老法师"总比小学徒厉害，老学究总是更博学，老中医总是更可靠。所谓姜还是老的辣，所谓"老练""老手""老师"……"老"意味着对技术的精通或者说对知识的驾驭，老人仍然与技术互相呼应。

一直到近现代，伴随着科学革命和工业革命，人类对"老"的尊重被动摇了，尚"老"逐渐为尚"新"取代。首先是在科学领域，人们不再把古代伟人视作不可逾越的巅峰，新工具、新科学、新天文学等新思想新理论层出不穷，人们反感因循守旧，崇尚标新立异。随后在技术领域也是如此，"祖传秘方"逐渐被"最新发明"盖过风头。

当人们以"现代人"自居而与古老的时代划清界限时，"老人"也随之被边缘化了。

对于同样的一门知识或技艺而言，老人的经验总是比新手更加丰富，这一特点仍然没有改变。但问题是，人们迈进了知识爆炸的时代，知识不断更新换代，每一天都有新理论或新技术问世。于是，更重要的事情不再是沉浸于一个特定的知识领域，而是要不断吸纳新知识、不断"创新"。

在崇尚"创新"的时代，老人褪去光环，"老"逐渐和老顽固、老古板等刻板、保守的意象相联系。

不过，在工业时代，老人虽然在技术领域无法立足了，但在生活世界仍有退守之地。至少他们还可以"安享晚年"嘛。

但到了信息时代，老人们就连"安享晚年"这一块自留地都被动摇了。这仍然与技术的发展有关。原因是，"技术"已经不再只是生产领域的主宰，同样也侵入并主宰了生活领域。

在电视之前，人们的生活和娱乐没有多少花样，无非是柴米油盐之类的家务事，听戏、打牌、唠嗑之类。在这些活动上老年人和年轻人没有太大的鸿沟，前一代人和后一代人也没有太多的改变。但在电子技术兴起之后，特别是到了最近的互联网时代，"技术代沟"却日益显著。日新月异的不仅是生产技术，而且包括生活技术。

比如购买油盐这样的事情，也不断被新技术所更新，柴火被煤气取代，又有了电磁炉；菜市场被超市取代，进而又有了网购；纸币被移动支付取代；打扫也用上了吸尘器乃至扫地机器人……

娱乐方面就更是如此了，在智能手机的时代，电视反倒是最适宜老人的娱乐媒介了。即便如此，流行的时尚也是不断变换，老祖母看不惯新的观念和风格，免不了对后辈指点点，而老祖母的娱乐形式（如广场舞），也同样让年轻人看不惯。

归根结底，这是年轻人的时代，而技术代沟和生活方式的差异，让老年人日益边缘化。老年人隐退了，却找不到退居之所，他们的生活与技术时代格格不入。

第 10 章
为什么老人不擅长学习？

在技术时代，老人如何立足，这是一个严峻而紧迫的问题。在第五部分我们将讨论技术保护区的设想，其实也涉及这一问题，特定的技术保护区也有可能为老人提供安居之所。在这里，我们先回到"学习"。

老人擅长教学，不擅长学习，但为什么老年人不擅长学习呢？

老年人难于学习新技术，这在技术时代尤为显著，技术的代沟让老年人和年轻人活在不同的世界，难以沟通。

但排除那些因阿尔茨海默病之类原因造成智力损伤的人，一般老年人的智力并不低下，或许只是即时反应的速度有所衰退，但一般而言的理解力和年轻时差不太多，经验还更丰富，为什么面对新技术会普遍不知所措呢？

一个很大的原因是他们不乐意学习，但为什么不乐意学习呢？难道学习还会给他们带来损害不成？

的确如此，我们要注意到学习的本质，无非是一种"内化"的过程，结果是不断构建和改变自己的观念、习惯和定势，塑造自己的

图2.3 为什么老年人更不擅长学习呢

行为模式和认知架构。在内化的过程中，内在的自我不断充实完善，形成自己的个性——人的个性无非是各种观念和习惯会聚而成。

因此对于儿童而言，由于其独立个性尚未成形，有极大的可塑性，任何学习都是在给他的自我构建正面增益，但对于成年人乃至老年人来说，其个性早已成形，各式各样的习惯和定势都已经被塑造好了，在这个时候再去学习某种新东西，那么在塑造新结构之前，势必先要打乱乃至瓦解固有的结构。

对孩子而言学习几乎是一种建设性的活动，而对于刚刚成年的大学生而言，学习则是建设与瓦解并存，因而是批判性的，因为年轻人的独立个性刚刚成形，但尚未定形，还处在最后修修补补的阶段，所以尽管继续学习带有瓦解性乃至颠覆性，对年轻人来说也尚可以接受。但对于老年人而言，如果其个性仍然飘忽不定需要不断修补，那么他就该怀疑人生了。老年人的个性早已趋于稳定，因而对他们而言，学习的破坏性就胜过建设性了。

同时，除了对旧习惯的破坏之外，学习过程中多多少少还要遭遇挫折，因为学习的过程就是对事物局限性的体认。哪怕是灵活熟练之后，技术也无法帮人心想事成，更何况在笨拙的练习过程中。技术延伸着人的能力的同时，也限制着人的活动范围和活动方式，如果不去触及技术的边界，那是很难学会它的。很少有人不摔跤就学会骑车了，学游泳也不能怕呛水，学习过程总有挫折，在得心应手之前势必要经历不得心、不应手的阶段。

因此，如何面对挫折也决定了学习的难易，比如对小年轻来说，摔个跤是家常便饭，但老年人可就受不了了，所以同样是学自行车，小孩很容易，中老年人再想学就必定要畏手畏脚了。在挫折与体能无关的情形下，在情绪上的接受能力方面，中老年人和小孩仍然是有差异的。比如说，"你错了"这三个字，对一个成长期的孩子来说是家常便饭，但对一个老年人说的时候很可能变得极为沉重。特别是中国式家长，典型的情况是从来不会在子女面前认错的，只有家长教训小孩的情况，哪里有家长愿意挨训呢？这样一来，如果电脑屏幕上突然弹出"出错了"三个大字时，小孩和老人的感受恐怕是极不相同的，小孩子很擅长把任何责备当作耳旁风继续自顾自折腾，顶多是："糟了，又挨骂了(吐吐舌头)，下次我得机灵点儿"；而老年人可能立刻就受到了惊吓，除了上级领导，还有谁能训他呢？尤其是，如果老年人是向自己的孩子学习操作的时候，这种落差恐怕就非常不舒适了。

最后还有对待技术的态度变化，孩子把所有器物都当作"玩具"，而老年人只有在需要的时候才去学习新技术，因此对老年人而言技术只是指向特定目的的工具。因此他一旦学习到勉强能达成目的时就会停止学习，但孩子并没有明确的预设目的，他会主动去探索技术的各种潜在可能性，点点这个、试试那个。于是，如果只局限于完成特定目的而临时要求去学习某件事情，心浮气躁的小孩子未必比专心沉稳的老年人更快，但对于潜在功能的挖掘，小孩就明显有优势了。

学海无涯，学习是无止境的，老年人的保守性在现代人看来是一种坏事，但这恐怕也是时代的偏见。一方面，从知识的增长来说，并不是一味标新立异就是好事。科学哲学家库恩强调科学发展中的"必要的张力"——既要守旧亦要求新，若是只讲求新求变，而没有人踏踏实实守住既定的教条不断添加细微的修订，科学进步也是不可能的。

而且，老年人安于现状的特点在传统社会中也并不是缺点。所谓"安乐"，安稳静逸本来就是一种值得羡慕的状态。在古代，可以说老人的世界就是孩童世界的终极榜样。年轻人不断学习、完善自己的世界，最终的目的在哪里呢？不考虑来世或彼岸的话，在现世中每一个人的最终归宿无非是建成祖辈那样完善自足的世界罢了。功成名就、儿孙满堂，他的学习与工作都迎来了完满的成果，老年人有权利享受他一生努力换来的安逸和荣光。而老年人的安逸状态也让年轻人有所向往，有了"奔头"。

所以，在传统的伦理世界中，老年人的使命就是用恰当的安逸享受给后辈做理想，同时也以完满的德行和修养给后辈做榜样。但在技术时代，老年人的尴尬处境，同时就是年轻人的迷茫境况，年轻人不再能直面自己无可避免的衰老过程，在生活的未来不再存在值得向往的成就，因此人们只关注当下即时的享受，得过且过，不再关心人格的健全和功业的完成。

"学习"的意义也改变了，学习的内容和目的都外在化了，学习的是可以印在书中的刻板知识，而学习的目的是升学或赚钱。

西方传统的"自由技艺"的教学，是为了塑造自由而高贵的灵魂；"科学（science）"一词原本是指个人的内在品性[1]，伦理学原本关注的也是个人的美德修养……而在现代，它们都成为某种外在的"规则集"。

学习的外在化、功利化与老人的失落是同一个历史进程，正因为老年人越来越不是值得向往的目标，因此个性的内在修养越来越不构成学习的主要意义，反之亦然。

---

[1] 哈里森：《科学与宗教的领地》，张卜天译，商务印书馆，2016年。

第11章
技术环境改变学习方式

"学习"的意义随着时代的变迁而改变，或者说，不同的技术环境决定了不同时代人们对"学习"的不同理解。

前面提到，现代人看重学习的"内容"和外在的功用，而忽略了学习构建完整个性的意义，这一点是时代性的。但即便仅就"内容"层面来谈，其时代性也非常显著。

这种说法看起来不难理解，毕竟每个人都知道，教育的内容一定会随着时代的变迁而更新，因为人类的知识在不断更新，许多旧知识被证明是错误的或失效的，新知识层出不穷，因此教育的内容总要跟上知识累积的过程。但许多知识内容并不是因为错误或失效，而是因为"不合时宜"，也会被逐渐淘汰。比如钻木取火的知识，放到今天也是正确的和有效的，但是让现代人花时间去学习这种知识(哪怕其实花不了多少时间)无疑是不合适的。

为什么呢？因为钻木取火的知识没有用了——要注意，这不是说这门知识本身失效了，它确实还是能有效地让人钻出火来，但问题是，我们早已有了火柴、打火机、煤气灶等新技术来"取

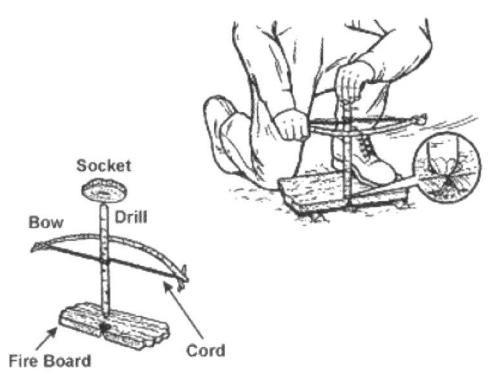

Socket

Bow Drill

Fire Board Cord

图2.4　钻木取火是一门需要学习的手艺

火"，相对于新的技术环境而言，钻木取火这门知识没用了。

　　所以，学习内容的时代性，就在于不断变迁的技术环境。人类不是直接活在某个自然环境中，而是通过技术为自己打造出一个生活世界。我们所教所学的知识，要适应不同的技术环境。

　　如果把我们丢到原始丛林里，那么爱因斯坦的知识比不上石器时代的任何一个猎人的知识"渊博"，爱因斯坦能探究追上光波的思想实验，却未必懂得如何追上一只野兽，他能解读电子在云室中的轨迹，却解读不了野兽在林地间的足迹。如果我和爱因斯坦一起穿越到史前部落，那么我最该向老猎人求教，而不是找爱因斯坦求学。但幸运或不幸的是，我们并没有穿越，我们生活在21世纪，在这个世纪，钻木取火和追踪野兽之类的知识，早就是不合时宜的了。

　　以上的例子是极端化的，21世纪与史前部落相距太远，因此我们很容易就能在老猎人和爱因斯坦之间选择出更合适的老师。但是在时代变迁之际，在新的技术环境刚刚兴起之时，看准时代的趋势并做出恰当的选择并不容易。特别是，新的教学观念的树立往往要比新技术环境的兴起更加滞后，在时代变革之际，教育者们往往还以旧的环境作为评估知识的背景，这些旧的教条往往成为禁锢和束缚的力量。

每一种新技术非但本身需要被学习，它同时也会改变整个旧有的教学方式。新技术与旧学问之间的冲突，最经典的案例大概就是柏拉图的《斐德罗篇》中记述的这个故事了：相传塞乌斯发明了文字，并向法老萨姆斯邀功，希望法老把文字传授给埃及人，好增强埃及人的记忆力。但法老不以为然，认为塞乌斯把文字的意义弄反了，他认为文字恰恰促进了遗忘，因为人们依赖于外在的符号，就会疏于用心记忆。

塞乌斯和法老萨姆斯究竟谁对谁错呢？答案恐怕是：他们都对。关键是他们在各自不同的环境下进行这一评估。塞乌斯希望人们能够依赖他的发明，他是在人们已经依赖于文字的情况下评估文字的作用的，在随时可以查阅文字资料的情况下，人们当然能够记住更多东西。

而法老并没有把文字看成生活环境中不可或缺的一部分，他是基于文字尚未流行的环境来衡量识字者的记忆，他认为一旦让识字者脱离文字，会发现他们的记忆能力已不如从前。

他们两人都是对的，分歧就在于究竟是把文字这一新技术看

图2.5　古埃及象形文字

作是一个随时可能失去的外在工具，还是内嵌于生活环境的基本元素。

　　但是按照法老的逻辑，我们也可以说，武器削弱了人搏斗的能力，衣服削弱了人御寒的能力，等等，因为当我们广泛利用某种外在的技术时，总会形成依赖。但法老难道要反对一切技术吗？我认为并非如此。事实上，法老还有更深层的评判尺度，那就是他对学问或知识的理解。

　　在法老看来，即便是依赖文字的人始终借助文字，他们获得的知识也是"假的"——他们看起来能够"无师自通"，但"实际上一无所知",法老说道,用文字填满人心的并不是智慧,而是"智慧的赝品"。

柏拉图笔下借苏格拉底之口随后替法老补全了这一论证,他说道,文字的特点是,一旦写下来就固定在那里,僵死不动,无论遇到怎样的读者都只能不停重复老一套的言论,从来不能因读者的反馈(追问、责难或歪曲)而做出回应。

因此法老萨姆斯或者说柏拉图想表达的意思是,在活生生的谈话中,人们能接触到鲜活的智慧,而不会学到"教条",不会把任何一句断言截取出来奉为不朽的真理;而依赖文字的人更容易把知识理解为刻板的、固定不移的东西。识字者会认为,只有白纸黑字、铁板钉钉的东西,才称得上知识,而那些灵活变通、难以刻画的东西,反而被认为是假的或最低级的知识。

或许我们可以说,尊奉教条和随机应变都是不同形式的知识,但在这两种知识之间究竟孰高孰低,谁本谁末,就构成了两种冲突的态度。在这里,更新的观念未必就是更正确的,但无论如何,由文字技术塑造的新环境的确更适合于教条知识的传授。

这两种学习态度或学问观的冲突不仅发生于文字发明之初,而且贯穿于整个人类文明史。例如,古往今来的读书人经常会受到各种指责,认为人读书多了往往就成了不知变通的书呆子,只知道"纸上谈兵",上阵实战就露了馅,又或者指责读书人"四体不勤、五谷不分",只知道空谈,放到乡野田间劳作的话,实际的知识恐怕比不过一个放牛娃。

这些指责并无大错，在文字发明之前，所有知识都是口传的或默会的，而文字技术增添了成文知识这样一种新的知识形式。在不同的知识形式之间，越是依赖文字的人，越有可能更侧重成文知识的意义，而有意无意地贬低默会知识。相反，认为默会知识更加优先的人，自然就会觉得识文断字损害了人们的知识。

当然，文字一方面促进了知识的刻板化、固定化；但另一方面，也可以说是促进了知识的客观化、条理化。柏拉图本人的理论哲学思想，就很难说没有受到新兴的书写文化的影响，柏拉图把变通的、不固定的经验归为"意见"，而与永恒的、确定的"知识"区别开来。希腊哲学家们执着于在变化的世界中寻求不变性，在纷乱的世界中寻求条理性，这种书写文化的新思维，可以说是科学思维萌生的土壤。

柏拉图讲述的这段寓言给我们的启示，并不在于法老对文字究竟是好是坏的最终论断，而在于这样一种思考新技术与学习的视角。无论你认为文字是促进了记忆，还是损害了记忆，你都得承认，文字重塑了我们的记忆形式，改变着我们的学习观或知识观。

第12章
新时代的老问题

随着电子媒介和信息技术的兴起，我们正处于又一个剧变的时代，从电视到手机，新技术不断地冲击着传统的教育体系，也注定会引发出新的观念冲突。

但正如怀特海所说，整个西方哲学史都是在给柏拉图作注脚，后世争论的各种问题，可以说仍是柏拉图哲学的翻版。

社会学家提出成文知识和默会知识的区分，教育学界一部分人则讨论所谓"硬知识"和"软知识"之类的概念。总之，一边是教条化的、坚固刻板的知识，另一边是更灵活的、尚未固定的知识，但这不就是塞乌斯和法老之争吗？彼时，书写促进了前一种知识，而口语更强调后者。到了今天，书写和印刷文化仍然强调前者，但在信息技术推动下，后一种知识又开始复兴起来。

因此媒介哲学家麦克卢汉把电子信息时代的趋势描绘为"重新部落化"，是向口语文化的回归。在印刷文化下被压抑的感知能力重新被释放。电子媒介瓦解了印刷文化所塑造的个人主义和视觉中心主义，促进了感官的联结、知识的联结和人际的联结。这样一个普遍联结的新时代，被麦克卢汉预言为"地球村"。

而麦克卢汉的学生波斯曼也看到了印刷文化在电子时代岌岌可危的境况，但他却极度忧虑，认为讲究逻辑、理性、客观和严谨的知识传统正在被瓦解，人际间的联系也日益低幼化、肤浅化。波斯曼指出，电子媒介正在将人类引入"娱乐至死"的深渊。

太阳底下没有新鲜事，麦克卢汉与波斯曼之争，就好比是塞乌斯和萨姆斯之争的翻版。结论也是类似的：他们都对。

"地球村"和"娱乐至死"这两种预言都是对的，因为普遍联结和肤浅化同时是电子媒介带来的文化倾向，正如书写同时带来了教条主义和客观化。只看到了新技术的其中一个面相就贸然地鼓吹它或抵制它，都是片面的。

希腊文明创造了辉煌的科学与艺术，关键就在于它们在口语文化与书写文化之间维持着恰到好处的平衡。一方面，无处不在的广场、剧院、体育馆和浴室等公共空间维持了活泼的口语环境；另一方面，希腊人独创的元音字母文字让书写空前普及。希腊人接受了书写文化对条理性和客观性的要求，但又没有急于树立刻板的教条。

多元媒介交融的环境促成了希腊人的黄金时代，而在今天，我们也需要在新旧媒介之间保持平衡。如果我们既保持着印刷文化的教条主义，又陷入了电子媒介的"娱乐至死"，那么新时代恐怕是极其黑暗的了。

如何维持恰当的平衡呢，我们不妨再从柏拉图的寓言说起。

我们注意到，书写文字的影响体现于两个层面上，第一层是萨姆斯法老所说的，即对外物的依赖，第二层是苏格拉底补充的，即对学习观或知识观的更新。而在知识观的更新中又分为两种倾向，一是糟糕的倾向，即刻板化，或者说把教条认作知识；二是条理化或客观化等积极面相。

但难题是，我们从事后诸葛亮的视角，当然能清晰地分辨出什么是坏的倾向或什么是好的倾向，但是毕竟教条化与客观化仅一步之遥，当事人要如何细微分辨呢？

或许我们必须承认，对于新技术将要带来的新文化，我们很难做到去其糟粕取其精华。新技术滥觞之时，往往如洪水猛兽席卷而来，泥沙俱下，根本容不得我们细细甄别。

不过换一个角度，如果我们不是奢望控制未来，而是更多地往回看的话，是否能更加清醒呢？我们先不要考虑对待新技术如何甄别，而是去考虑，如何借助新技术的助力，对传统文化进行甄别呢？

比如站在古希腊人的立场上，他们也许看不清书写文化带来的影响，但是他们更容易分辨出在口语传统中哪些东西是值得珍视的。

这样的工作仍然很困难，但回顾过去总比预知未来更加可行。比如说，在迎接信息时代之时，我们不如回头审视整个印刷时代的教育传统，甄别传统中蕴含着的不同倾向。

在围绕印刷书建立起的教育传统中，同时蕴含着刻板与严谨、教条和客观等不同的倾向。而在印刷时代，由于技术环境所限，我们很难把积极的倾向和消极的倾向剥离干净。这就好比说水同时为游泳提供了浮力和阻力，想要取消水的阻力而仍旧享受水的浮力，几乎是不可能的。这种理想的情况只有在新旧媒介的交界之处才有可能，比如当船只刚刚摆脱水面浮上半空时，我们才有机会打破旧的平衡。

至此，我们虽然没有得到应对新时代的具体办法，但我们已经得到了一些初步的方略。

简而言之，当我们新的技术环境对教育传统带来某些冲击时，不要急于去抵制或吹捧新的技术，而是借此机会回顾传统——那些遭到挑战的东西，真的是我们珍视的吗？如果被新技术冲击的恰好是传统中的糟粕，那么我们就可以在相关的领域主动拥抱新技术；如果被冲击的东西并不糟糕但也没那么重要，那么我们不妨心平气和、顺其自然；如果被冲击的是我们非常珍视的东西，那么我们就要集中精神，想方设法在新时代坚守住这些旧传统。在这个意义上，历史学就是未来学。

许多教育者与其说是对未来缺乏预见，不如说是对过去缺乏理解，他们并没有认真审视自己的传统，更谈不上仔细分辨传统中的精华与糟粕。因此在新技术的冲击下往往措手不及，顾此失彼。

比如说，算术能力强在传统上当然是好事，但很多现代人，特别是西方人，依赖于计算器，就懈怠了心算的训练，很多老外连二位数内的加减法都难以应付，这让中国的学生们颇感自豪。

图2.6　现代课堂上的算盘教学

但问题是，既然能依赖计算器，那么心算能力在教学过程中真的还重要吗？就好比说学会了使用猎枪，徒手与野兽搏斗的能力就可有可无了，那么如果人手一台计算器，心算能力是否也变得无关紧要了呢？

答案并不是那么简单的，关键问题并不在于对计算器的功能或意义的分析，而是在于重新审视"心算"在传统教学体系中究竟有哪些功能和意义。如果教心算的目的只是让学生账算得更快，那么这一技能自然也该像钻木取火一样，被彻底淘汰掉。但是，如果说心算的训练不仅仅是为了提高计算速度，还蕴含着其他的意义，例如，培养对数字的感觉，促进学生的条理性和逻辑性之类，那么我们就需要更进一步地甄别了。例如，新的技术环境下能否找到其他更有效的训练方式，或者说旧的训练方式仍然有不可取代的意义。

输入法取代了用笔抄写，搜索引擎取代了博闻强记，人工智能眼看就要在各种专业能力方面取代人类的头脑，在这种情况下，这些传统的教学内容还有意义吗？我们必须清醒地认识到，对于这些问题，很难找到一刀切的标准答案。我们需要从技术史和教育史中去寻找启示。

第三部分

技术与科学

第 13 章
科学可学吗？

今天，"学习"更多地与"科学"联系在一起，那么，科学又是什么？科学可学吗？

中国人喜欢讲"顾名思义"，所谓科学，字面上讲，就是"分科之学"。科学非但可以学，还可以拆成一科一科分门别类地学。

但"科学"这个词语和民主、自由、理性、经验、社会、文化、哲学、文学等大量重要的词汇一样，都来自近代日本人的翻译。日本人抓住了当代西方科学的基本特点（分科之学），但未必符合科学这一概念的历史源流。

事实上"分科之学"这一特征其实是相当现代的，对分科的特征过多注意恐怕无助于我们从根源上理解科学的来龙去脉。

许多人都注意到专业分科是现代发生的，但对于"之学"，似乎完全不成问题。"学"就是学习、学校、教学之学。科学作为"学"，当然是某种可学的东西，这看起来比科学之"分科"更加理所当然。但实情如何呢？这是否又是一个顾名思义的误导呢？

情况类似的是"哲学"一词，字面上看，它是"智慧之学"。但在西方历史中，"哲学（Philo-sophy）"源于古希腊的"爱-智慧"，希腊哲学家把自己称作"爱智者"从而与当时的"智者（Sophist）"区分开来，后者指的恰恰是兜售智慧的职业教师。也就是说，爱智者从一开始就与"教师"划清了界限，最早的哲学家或科学家之一，毕达哥拉斯和柏拉图都以爱智者自居，苏格拉底把自己称作"助产士"，认为自己不能传授智慧，只能帮助别人唤起自己的智慧。

正如前面已经提到的，科学、宗教等概念，或者也包括技艺，在古代更多地是指某些内在的品性或能力，而随着历史的沿革，它们越来越偏向于一种外在的、客观对象的意义。

柏拉图把哲学与技艺严格区分开，认为那些"智慧教师"和工匠一样，传授的无非是"摹仿"的本领，而哲学之路是一套让灵魂升华的修养课。在柏拉图看来，现实世界中的万物是对理念世界中的原型的摹仿，而工匠的创造则是对现实事物的摹仿，而一般的制作则是对其他工匠创制过程的摹仿。比如说现实世界中的圆木之圆是对唯一的圆的理念的摹仿，而工匠制造圆桌，不需要去研究理念的圆，只需要照着圆木的形象来摹仿即可，而其他奴隶甚至连圆形的事物都不需要去研究，甚至不需要理解自己的产品是什么，只需要仿照着工匠师傅的步骤一步一步操作，卖一把苦力，也可以完成工艺，造出来的东西很有实用价值。但这种活动可谓是摹仿的摹仿的摹仿，与真理完全沾不上边了。自由的爱智者不应该以奴隶的方式学习，应当重视内在的修养而不是外在的摹仿。

就好比说，要做一个好人，仅仅从外在的可以摹仿的语词和行为着眼，是永远不能达成的。顶多是道貌岸然，达到虚伪的善。真正的教学并不是摹仿，而是启发，让人发自灵魂地理解真理才行。这就是为什么相传在柏拉图学园门口挂着"不通几何者不得入内"的标语，几何学的意义并不是现代人心目中的"学好数理化，走遍天下都不怕"这种意义，在希腊人看来，几何学是一门完全无用的学问，它更像一门"德育课"，因为在几何学中，我们能够体会到真理与自由——因为几何学证明仿佛能唤起每个人灵魂内部的认同。对几何学知识的领悟并不在于机械地摹仿具体步骤或者机械地重复具体结论，而是当你一旦领会时，你便能够体会到这种知识完全是发自你自己的，而不依赖于任何外在的权威。

在希腊人那里，"数学"一词原意是指"可教学的东西"，典型的数学科目包括算术、几何、天文、音乐四门课程。这四门课的主题都是关于数或量的比例，但更重要的是，它们都是某种无用的、内在性的课程。

相传有一个学生问他的老师欧几里得：学几何有什么好处？欧几里得大怒，立刻掏了三个铜板给他：你已经得到好处了，滚蛋吧。可见在希腊人那里，两种"学习"被截然区别开来，一是数学的或自由的学习，二是匠人的或功利的摹仿。柏拉图认为，摹仿者只能学到"意见"，而不能学到真知识。

这些观念现代人很难理解，在现代人看来，数学之所以重要是因为它是其他有用学科的基础，是各种领域都要用到的"工具"。

只有在顶尖的数学家那里还保留有一些对"无用之学"的骄傲。

图3.1　《雅典学院》中的欧几里得（手持圆规）

第 14 章
科学的起源及其与技术的分裂

如果说"科学"只是指一般意义上的知识体系，那么每一个古文明都有其科学传统。但是，如果追究现代意义上自然科学的起源，那么古希腊是科学的起源地。上面提到的这种自由的、反功利的态度，是希腊科学特有的，也正是这种特色，使得古希腊人开辟出的科学传统如此独树一帜。

前面提到，这种独特传统从一开始似乎就与"技术"，或者准确来说，与工匠技艺传统相对立了，一方追求有用的技术，另一方追求无用的科学。

伴随着这种二分，希腊人对万事万物也做出了二分：自然的与非自然的。

希腊人的"自然哲学"被认为是自然科学的源头，而自然哲学之所以重要，并不在于具体的主张（比如泰勒斯认为水是万物的本原；阿那克西曼德认为本原是无定；阿那克西美尼认为本原是气），而在于这种新的思维方式，或者称作"内在性"的思维方式。

所谓"自然"（英文 nature，希腊文 physis）最初是"生长、出现"

的意思，例如花朵绽开（图3.2）就是这样一种自然或"涌现"的事件，之后，它主要意思是"本性""本原"，或者说使得花朵绽开的内在原则。这一词义也有些像汉语中"道法自然"的意思，在《道德经》中"自然"不是一个对象，而是两个单字，是"自己-如此"的意思。在现代英语中也有所保留，而"自然界"的意思是进一步衍生的结果。

图3.2　萌芽绽开是典型的"自然"

所以其实自然、哲学这两个词在某种意义上是同义反复，就是代表着某种追究本原的学问。早期自然哲学对世界的解释与神话传说的解释同样不靠谱，但却呈现出明显不同的风格，自然哲学不援引某种外在的力量（比如神的意志）去解释事物，而是试图以事物内在的原则来解释事物。

"自然物"的概念由"内在原则"衍伸而来，亚里士多德在他的

《物理学》（其实物理学本义就是"自然学"）中讲道："一切自然事物都明显地在自身内有一个运动和静止（包括空间、量的和性质的变化）的根源。反之，床、衣服或其他诸如此类的事物，在它们各自的名称规定范围内，亦即在它们是技术制品范围内而言，都没有这样一个内在的变化的冲动力。"①

一棵树长成如此这般，其原因蕴含于树苗之内，而一张桌子被做成如此这般，就必须去追究工匠的想法。简单来说，"自然"这个概念从一开始就是与人工的、技术的活动相对立而言的。

我们看到了，在希腊人那里，科学与技术发生了双重分裂，一方面是追求科学的人（自由人）和从事技术的人（奴隶）之间的二分；另一方面是科学研究对象（自然物）与技术产品（人工物）之间的二分。这两重分裂互相呼应互相支持。

事实上，民主与科学，自由与自然，在希腊那里就是相辅相成、一体两面的。所谓自然物，无非就是"自由的事物"，而所谓自由，恰好就是人的本性（自然）。亚里士多德明言："求知是人类的本性"，"只因人本自由，为自己的生存而生存，不为别人的生存而生存，所以我们认取哲学为唯一的自由学术而深加探索。"②

亚里士多德学派把研究"违反自然的诡计"的学问称作"机械学"（mechanics），在中世纪，重视实用的"机械技艺"与无用的"自

---

① 亚里士多德：《物理学》，192b8-20，张竹明译本。

② 亚里士多德：《形而上学》，982b26-28，吴寿彭译本。

由技艺"相对立。直到文艺复兴前后，炼金术士们逐渐认为用技艺摹仿自然的炼金活动是接近真理的哲学。一直到牛顿，基于新的数学观，重新建立了力学（mechanics）体系并与自然学（物理学）合并起来，才让科学与技术之间的根本分裂有可能重新弥合，这是一个曲折而神奇的故事，有兴趣的读者可以参考我的《过时的智慧——科学通史十五讲》^①一书。

---

① 胡翌霖：《过时的智慧——科学通史十五讲》，上海教育出版社，2016 年。

第 15 章
自然作为技术的边界

在现代，"自然科学"的力量空前强大，但"自然"这一概念反而变得扑朔迷离。"自然科学"的"自然"和"自然保护"的"自然"是同一个东西吗？当我们说破坏自然或保护自然时，"自然"究竟是什么呢？

密尔提出所谓"自然主义的悖谬"——当你说"人应该顺应自然"之类的话时，你就必定陷入到自相矛盾之中。因为，如果根据"自然科学"的概念，世界上一切事物都是自然的，人类也是自然物，那么无论人类怎么做，都是自然的；但如果说自然这一概念恰好与人类行为相对，那么一切人造物和人类行动都是不自然的。所以说，"自然"不能提供任何规范性，要么怎么做都自然，要么怎么做都不自然，不可能有哪些行为比另一些行为更加自然。

那么，当我们呼吁"敬畏自然"时，究竟在呼吁什么呢？无论你认为应当敬畏自然，还是认为不应当敬畏自然，这个论题本身的意义似乎是令人困惑的，我们感觉"敬畏自然"这个口号多少是有些意义的。

要弄清"自然"的意义，我们需要追根溯源，重新理解自然的原始含义及其与技术的关系。

前面讲到，"自然"最初是生长、涌现的意思，从"自然"的原始含义到作为"本性"的含义，就已经发生了一次蜕变。

树苗抽枝、花朵绽放，这些变化看起来是"自行发生"的，因此亚里士多德把自然定义为原因在自身之内的变化。但"自行发生"与"自有原因"是同一回事吗？

似乎从现代人的视角看，这两句话是同一个意思：之所以能够自行生长，不就是因为原因在自身之内吗？

但是在这里，关键性的差异恰恰是"原因"概念的插入。我们总要以某种因果链条来理解和想象事物的变化，这恰恰是自然哲学或科学的思维方式。

在西方语言中，"原因"概念最初是一个法理词语，cause 是在案件审判中被追究的对象。而且，原因概念从一开始就与一个施加推动的人的形象密切相关，指某种"肇事者"。

但同样是肇事者，我们关注的是他"自说自话"的任性，还是他行为的既定理由或固有规则，这是非常不同的。在自然科学的观点下，"原因"指的是某种可知可说的原理或规则。

通过"原因"概念将"自然"拟人化之后，希腊人认定自然是可理解的，就像人总是有理性的那样。虽然表现出来自说自话的自由，但根本上应该是理性的，是可理解的。

更原初意义上"自行涌现"的事物，未必是遵循既定的规则的，而更可能蕴含着不可捉摸、不可穷尽的特点。在今天关于"狂野的大自然"的概念中还略微蕴含着"自然"的这一面相。野性自然不是任何明确的规则，而是非理性、反规范的自行其是。

只有在这个意义上，"敬畏自然"才说得通。敬畏的对象不是任何确定的理性原则，而是理性的边界——人类的理性和语言总有界限，而"自然"指的是在理性的掌控范围之外的、不受控制的、超出预期的、野性难驯的东西。

在中国，虽然没有对应的"自然"概念，但从"天命之谓性"这一命题中，也体现出了某种拟人化的理解方式，"天"被理解为一个命令者。只不过在中国古代，对人的理性能力并没有那么推崇，也就没有进一步试图把万物的"本性"解析为明确的、成文的规则或律令。

在亚里士多德之后，自然物与人工物被明确区分开来，而亚里士多德正是通过对人工物的制造过程的理解，来推想自然物的生长过程的。比如形式因、质料因、动力因和目的因，首先都是从技术制造的方面来理解的。而"自然"被进一步拟人化，被类比为一个"工匠"的创制活动。

随着人类技术的进一步发展，人们也把对技术的要求——精确性和可控性——寄托在自然物之上，人们认为自然过程和技术生产过程一样，也应该是可把握、可测量、可预计、可控制的。

但是，前文谈到过，技术总是有限的，人不是上帝，不能心想事成，而总是要遭遇阻滞。而在技术活动中遭遇的阻滞恰好就是"自然"。比如说，当我想用岩石制造床被时，发现很难让它们变得柔软，这就是因为我们在技术的有限性中遭遇了岩石之本性（自然）。无论我们是否把这些"自然"刻画为明确的规律，"自然"都在技术的边界处彰显自己的力量。因此，当我们认为技术的能力是无限的时候，"自然"就无处栖身了。

第16章
艺术作为技术的自我揭示

我们注意到，自然在技术的"边界"中涌现。人的技术并不能支配一切，而总是留有"余地"，"自然"就在这一间隙中呈现。如果技术毫无阻滞，一切都能按预先设计顺畅运转、遂心如意，那么我们就没有地方遭遇"自然"了。

这里我们需要重审第一部分提及的说法："一种技术越是起效，它就越是不起眼。"但我们发现，在某种意义上，技术的运行总是遭遇到阻滞，这一点恰恰是"自然的"。关键在于，技术的退隐并非完全消失不见，而总是以一种特定的方式重新凸显出"自然"的存在。

的确，当我们纯熟地运用技术时，技术本身会变得透明，但它永远也不会完全消失。例如，我拿刀切菜的时候，当我运用自如时，我可能一门心思只想着把菜切成什么样，而不会时时关注如何运用刀。但刀的存在无论何时都没有从我的知觉世界中完全消失。恰恰相反，我每时每刻都在感受着刀的存在，我感受着刀的沉重感，在挥动它时我感受着阻滞，在切到菜和碰到案板时我感受到阻力，我也时时观察着刀的位置和方向。因为这些阻滞与反馈，因为刀永远不是透明的，因此我才能时时调整自己，也正是因为我善于根据阻滞和反馈时时调整，我才称得上"运用自如"。菜刀既是我身体的延伸，又是外部世界的终端，我能力的局限性与外部世界自行其是的必然性在这里迎面相遇，相互争执碰撞。总而言之，菜刀在这里呈现为一个"界面"，人与自然发生交互的界面。在上手的操持活动中，技术物与其说消隐退却，不如说是展开为一个界面，界面是"我方"与"对方"的分离和交互之处，呈现为自我领域和对象领域之间的边界，构建着内外主客的关系。

如此看来，技术与艺术形成了两种揭示方式，区别在于技术并不是把自己置于舞台中央，而是把自己揭示为对象得以呈现的背景，对象得以操持的界面。艺术则是让阻滞和阴影本身走向了舞台中央。

石料的坚固性是建造活动的阻滞，我们总是要费力地打磨石料，但同时石料的坚固性也是让建造成其为建造的条件。正是在如何与石料的坚固性打交道的这一争执界面或回旋空间中，技艺成为可能。而雕像艺术恰恰是极致地展现这一争执的方式。雕像并没有消解石料的特性，而是充分地揭示出石料的特性(图3.3)。

如果石像能够毫无阻滞地呈现人的形象，如果画像能够直接完整地呈现人的面貌，那么就不会有雕像艺术和肖像艺术。艺术的空间是在技术的边界(间隙)中被开辟出来的。这种边界或者也可以说成"余地"，即某种"多余"的东西，石料之特性、颜料之特性，就技术对其对象的呈现而言，是"多余"的东西，是某种碍眼的存在，但任何对象都不得不在某种"余地"中被呈现。而有意识地去探索、把握和发挥技术之余地的活动，就是艺术。

图3.3　用石头或玉米皮都可以摹仿人物的形象，而它们物性的差异仍然会在成品中显示出来

于是，某种技术越是含有余地，越是包含暧昧、模糊和阻滞的部分，就越有可能开辟出艺术的空间。例如，汉字在刻画语言方面比起字母文字而言更加暧昧，有更多的回旋余地，因而汉字的书法艺术就有着更广阔的空间。书法悬置了"写作"的目的，而让"写作"本身呈现自己。

这些艺术呈现的不仅是"美"，还是人与"自然"的遭遇本身，在某种意义上可以说，艺术是最初的"技术哲学"，是对技术或人类生活世界的原初反思。

那么，我们再来看看技术与艺术的现代性决裂是如何发生的。在古代，艺术并没有脱离技术而存在，书法并没有脱离书写，达·芬奇等绘画艺术家和普通画匠也并无截然分别，他们既是匠人，也是艺术家，艺术总是寓于技术之中。

　　而在现代，技术逐渐摆脱了"阻滞"，"自然"不再是无法控制的擅自涌现的东西，而是被理解为有待控制的预定之物。技术不再为突兀的涌现留下余地，而是试图用强力的、全盘的控制预定好一切剧本，让自然以完全受控的、精确的方式呈现。

　　数理化的实验方法是典型的控制技术，而流水线和科学管理是另一种形式。在现代技术的控制下，一切事物以按部就班的方式呈现出来，完全不给暧昧和阴影留下余地。

　　如此艺术的空间就被主流的技术所驱赶，因为这些主流的、占支配地位的现代技术是"不留余地"的，是没有阻滞的，是精密和高效的。而只有过时的技术才有着足够的余地让艺术得以栖身。比如在摄影术之后，绘画艺术取得了独立。逐渐地，"艺术"这个词也获得了独立，艺术家和技术员完全分离开来。

　　然而现代技术表面上的强力真的能够驱逐阴影和暧昧，而最终让人获得不受阻滞和遮蔽的完整真理吗？显然并不是这样。现代技术也只是呈现和控制的一种特定方式，也必定有其固有的遮蔽。照相术也许比肖像画更加精确，但它所呈现的人物未必总是更加丰富和饱满的。无论多么精细的相片，无论相片能够多么客观和精确地呈现人的容貌，相片总还不是那个人本身。照相

图3.4　梵高的自画像

也好，阅读也好，交谈也好，在每一种打交道的方式中，我们都在以不同的方式揭示着对象，与对象打着交道，但我们永远不能毫无中介，毫无阻滞地直接接触到"他"本身。"他"是照相和各种技术手段所捕捉的东西之外的某种存在，但他亦非与这些明暗把握的东西无关，而是恰恰躲藏在明与暗的边缘。"自然"显然并非与现代科技的实验方法无关，但也决不是实验室中所呈现的数据本身。

第17章
科学作为"照相技术"

关于技术之间隙或余地，在后文讨论垃圾与技术时还会讲到，在这里，我们不妨再对"照相技术"这一类比做更多的展开。

在某种意义上讲，现代科学无非也是一系列以某种方式呈现自然面貌的技术，用照相术的类比来理解科学的意义，是比较贴切的。

我们对着一张照片指认说："这是张三。"这是不是张三呢？这的的确确就是张三，不是李四或王五。照片中可以清晰地展示出"张三"的各种细节，甚至比肉眼看得到的细节更为精细，而且更具有客观性和可复制性——两个不同的人对张三的观感和描绘可能大不一样，但要他们拍出同样的照片则更容易得多。通过照相可以进行更定量地分析，比如这个人头和身体的比例关系等。

科学也把各种研究对象乃至整个世界呈现为一种图景，我们要问，科学的世界图景，无论说机械论的还是数学化的，这个图景究竟是不是"世界"的？的确是的，而且我们指着这个图景所谈论的东西，的确"就是"世界。甚至当我们问世界"是"什么的时候，

图3.5　现代科学把世界摄入"图片"之内，万物首先都变成平铺在人类眼前的客观对象，然后被精密测量

也的确可以恰当地举起它的"相片"说："喏，世界就是这个样子的。"好比你问我张三是谁，我可以拿出张三的照片指点给你看："张三就是他。"在这些情形中，并不是说有一个"照片中的张三"和"真实的张三"这两个张三再通过某种神秘的联系勾搭在一起，而是说通过照片被指出的就是那个真实的张三。

　　但问题是，这种技术媒介并不是唯一的或至高无上的方式，我们还有许多种途径去认识或谈论张三之所是。例如我可以讲一个故事，说：张三"正是"这个故事的主角，这个故事讲的"就是"张三。在这里的"是张三"并不比照片之"是张三"更是或更不是，如果说我们把某一种特定的表达形式认定为唯一的或根本的形式，从而忽略和否定其他丰富的形式，这就是危险的。我们反对科学主义，就是反对这种把某一种媒介过分抬高的态度，而并不是否认科学本身。即便说我们可以通过其他方式谈论张三，也并不意味着否定"张三确实在照片之中"。

世界确实在科学之中，被科学所把握的的确是真实的世界。当然，为什么我们能确信这一点，这是另一个问题，但这个问题也类似于问我们为什么能确信这张照片就的确是张三的——照片可能是失真的、作伪的，可能是出错的或被人误认的，但首先我们的确相信照片可以是真实的，这些错误的情形才成为可能。科学可能失真或出错，但科学的确能够呈现世界，这一点是明白的。

不同的呈现形式没有绝对的高低之别，但在一些相对的维度上却有优劣之分。例如，要在一群人中快速准确地辨认出某个人，拿着照片就比费劲用语言描述来得有效，当然在另一些情形下照片也可能产生先入为主的成见和偏见，从而妨碍认识。科学也是如此，在某些维度下去衡量，比如从精确地控制事物的能力来看，科学的确可能是最有效、最可靠的，但这种优先地位并不是绝对的，在有些时候过分固执于科学所带来的成见也可能让人误入歧途。

除了照相、讲故事等媒介之外，事物有没有一种最原始最本真的呈现方式呢？如果说有，那只能是日常生活世界中的"打交道"。但这个打交道很难说是"一种"呈现方式，并不是说我用"肉眼""直接地"看一眼就比通过相片来看更加"真实"，肉眼直接观看时也总是在相应的环境之内，其背景和语境影响着事物对肉眼的呈现，某些背景同样会误导肉眼的辨别。也就是说，"肉眼观看"同样是媒介性或者环境性的，同样是片面的，通过肉眼观看未必比相片更全面或更片面。所谓"日常生活"并不是指脱离一切技术或媒介的"直接"接触，更不用说是所有媒介的"总和"，"生活"本身就是丰富的，前天我听说张三的事迹，昨天我看过张三的照片，今天我在课堂上见到张三，明天我在饭桌旁见到张三，后天我和李四说起张三的故事……整个这些与张三打交道的经历都属于我的"生活"，因此"生活"并不是某"一种"媒介。如果说"日常生活"在现象学看来具有存在论上的优先性，这并不是说某一种特定的最原始的媒介最为优先，而是说诸媒介的媒介性本身优先于特殊媒介所呈现出的具体内容，在我们通过某个具体的媒介辨认某具体事物之前，我们对于此种可能的经验早已有了某种前理解，而这种前理解奠基于我们之前的生活经验。

另外，同样是就照相而言，仍然还有其多样性。同样的照相机根据使用方式的不同可以拍摄出不同形式的照片，有些突出前景，有些突出背景，有些突出色彩，有些突出轮廓。另外，有诸如 X 光照相、红外照相等，所呈现的侧面也各有不同。这就好比不同的科学分支可以从不同的角度去把握自然，有些分支把握得更为深入细微一些，但也并不意味着一定有某种绝对的高下之别。

从历时来看，照相技术本身也有其发展沿革，有的时候这种改进是可以脱离对世界的呈现而仅仅在照相技术内部发生的，例如，把某些零件打磨得更精细，把某些机关设计得更精简，等等。

就好比数学和某些理论物理学的发展，它们可以只关注科学的内部结构，而无需去观看"世界"，而在内部结构精益求精的改进之后，我们可能发现科学对世界的成像也在变得越来越清晰。这也并不是一件特别神奇的事情。一个机械师有可能在根本不知道照相机是用来干啥的情况下改进相机的效能。但相机毕竟自始至终都是一种为了呈现世界的东西。

有些时候，会发生某种剧烈的"科学革命"，这种革命不能单纯地通过零件层面的改进而达成，而需要整个更替呈现方式。这就好比从油画到照相，同样是提供世界的平面映像，但整个形式和机制都改变了。照相在各方面的精确性都超越了油画，但某些衡量标准和表现维度却也可能有所缺失。比如，绘画可能用鲜明的色彩和夸张的形状来刻画一个人的性格乃至道德面貌，这种表现手法按照相术来衡量就是单纯的失真和走形，而性格色彩和道德面貌之类的东西也基本上被排除在照相术所呈现的范围之外。

第 18 章
科学革命与工业革命

前文我们从技术的视角理解自然科学的起源及意义，但要讨论科学与技术的关系，我们还必须回应第一部分提到的这个流俗的偏见：技术是科学的应用。这种流俗观念的起源，要追溯到所谓的"工业革命"这一时代，正是在这一时代，人们对待"技术"的态度发生了变革，使得科学与技术以新的方式结成联盟。

流俗的观点认为18、19世纪的工业革命恰好就是稍早之前16、17世纪科学革命的直接后果，梅森在《自然科学史》中的说法具有代表性："蒸汽机的发展，由于和科学内容和科学方法的内容太密切了，恐怕是19世纪以前最重要的一项科学应用。"

但在职业科学史家的研究中，把工业革命看作"科学的应用"这种观点早已过时。麦克莱伦在《世界科学技术通史》中的说法具有代表性，他指出在以蒸汽机为代表的第一次工业革命中，科学与技术发展仍是脱节的，蒸汽机诞生于试试改改的工匠传统，而不是得益于新科学，直到19世纪以电力和石油工业为代表的第二次工业革命中，科学与技术才紧密结合起来。

但简单地将第一次工业革命的缘起诉诸于经济需要和工匠传统，仍然是过于轻率了，更深入的考察将发现，科学革命绝非与第一次工业革命毫无关联，相反，在某种意义上仍然可以把科学革命视作工业革命的"前提"。

但这种"前提"并不是"理论-应用"意义上的逻辑前件，而是"文化背景-实践活动"意义上的必要环境。如果我们只把"科学"看作是由一系列抽象命题构成的集合，那么这些理论内容的确不能直接推导出工业革命的任何要素，但如果把"科学"看作文化的一部分，看作一类生活方式和观念习俗，那么这种意义上的现代科学，的确是工业革命必不可少的文化背景了。

把工业革命误解为新科学的应用，并不是今人的发明，在18世纪就得到了普遍认同，麦克莱伦引述了1800年左右在建造梅奈海峡铁桥时，英国人关于物理学家可以与工程师相配合的失败的尝试[①]，英国人让物理学家和工程师一道参与项目，结果发现物理学家的计算成果对工程师而言毫无帮助。

这类"结合的失败"被麦克莱伦用来证明在18世纪科学与技术相分离的状况，但反过来说，在这种情况下，当时的英国人仍然相信科学知识的"有用性"，相信科学能够推动生产力，这就更耐人寻味了。

事实上，"误解"有时比正确的理解产生的作用更加积极。比

---

① 麦克莱伦：《世界科学技术通史》，王鸿生译，上海科技教育出版社，2007年，第400页。

图3.6 这座横跨梅奈海峡的铁桥最终采用特尔福德的设计，于1824年竣工，至今仍在使用

如科学革命本身在许多方面都源于对亚里士多德和希腊数学的"误解"。工业革命也是类似，在某种意义上说，对牛顿力学的"误解"比对它的实际应用更早发挥影响。

在牛顿之后，力学（Mechanics）实质上完全是一个数学系统，而与实际的机械制造业关系不大，但这并不能阻碍牛顿力学实际上给人带来的观念影响。"力学"的概念联结着数学与机械，而"力学"的成功强化对"机械"的信心。在牛顿力学的激励下，工匠更重视数学和物理学训练，而学者尊重工匠，特别是机械制造，公众则把机械的威力与新科学的成功看作一回事。在当时公开的科学实验表演，以及一些大学的自然哲学课程中，以蒸汽机为代表的各类机械向来是被作为物理学或力学的一部分而被展示的。

瓦特最初就是在格拉斯哥大学接触到钮可门蒸汽机的图纸和样品的，他在参与维修蒸汽机后想到改进方案并申请专利。在这个过程中，工匠与大学博士的理论交流，机械作为自然科学的教学用具，这些背景之所以可能都得益于科学革命。

另外，瓦特对蒸汽机的改进，的确受到"潜热"等化学理论的激励，但"潜热"理论属于燃素化学的传统，被认为是错误的理论，因此麦克莱伦认为，瓦特虽然有很强烈的科学研究的兴趣，但他的科学研究"都是用燃素化学来论述，与他的蒸汽技术毫无联系"。

但这种轻率的结论其实基于一种陈旧的科学观，即把科学看作科学"正确的命题的集合"，于是无法接受错误的科学理论也能够给技术实践带来正面推动这一情况。瓦特就是一个典型的例子，虽然潜热理论并不正确，但却歪打正着地启发了瓦特把研究重心放在蒸汽的冷凝过程，并取得了最终的成功。

众所周知，瓦特并不是蒸汽机的第一个发明人，在瓦特之前，钮可门的蒸汽机已经流行了几十年，瓦特只是在冷凝器等局部环节做出了一些改进。但是，把瓦特蒸汽机认作工业革命的标志仍是恰如其分的，因为"技术改进"这一观念本身正是最具革命性的地方。

"改进"的观念蕴含着定量控制的思想。瓦特有意识地、精确定量地估算出改进后的蒸汽机比原先的钮可门蒸汽机效率高4倍——即同样的煤产生4倍的动力。而且"效率"的观念被普遍认同，该效率在国会的专利论证会被实验验证，成为发放技术专利的依据。另一方面，瓦特根据机器效率制定了营销策略，即向矿场主免费租借蒸汽机，并根据节省的燃料的一定比率收取租金。

为了定量测算机器效率，瓦特发展出"马力"的概念。并且瓦特本人也进行了大量定量实验来研究燃烧效率，"瓦特的水壶"并非完全捕风捉影，瓦特的确在实验室中利用水壶研究燃烧效率问题。

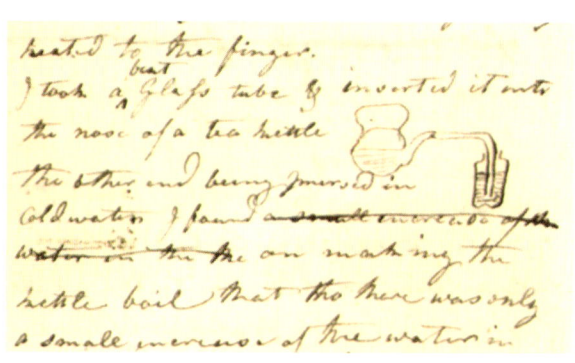

图3.7　瓦特手稿（1765年）中的水壶

这种通过"定量实验"来改进技术的思想，恐怕不能简单地归结于"试试改改的工匠传统"了。古代社会中工匠对技术的改良往往出于巧合，进展缓慢而且难以精确复制和迅速传播，而瓦特的"试试改改"是有意识、有规划的，其改进的程度也是被精确量度的，改进的方式也是可描述、可复制的。这些新的特征很难说与整个科学革命以及相伴随的文化思潮毫无关系。在这个意义上工业革命亦是"自然的数学化"的后果之一。瓦特本人也理解这一点，他教导儿子说："几何和算术与一般的计算科学是一切有用的科学的基础，不完全了解它们，自然哲学就不过是消遣。"

可以说，工业革命与科学革命分享着同样的精神，同样受到客观化和数学化的新自然观的激励，也同样推动着预先控制的、精密定量的思维方式。

第四部分

技术与现代

第19章
古代技术与现代技术

科学革命与工业革命，完成了不可逆转的时代变革，使得现代人与古代人区分开来。

前面讲到，"现代"科学或现代技术的特色，就在于间隙和暧昧空间的消解，在于预先控制的、精密定量的思维方式。

这种现代性特征，在海德格尔那里被称作"集置"，或者说"座架"。现代技术为整个世界预先订造好某种整体架构，任何事物在实际发掘出来之前，就已经在这个架构中被预先发掘了。

海德格尔以煤矿为例说明了现代技术对自然能量的"双重开采"，在实际挖开矿洞取出煤之前，煤矿早已作为能源"储量"被揭示出来，而且它的意义不多不少恰好就是"时刻准备着"被开采利用的能源。

不只是煤矿，现代世界的每一种事物，包括变成人力资源的人本身，都变成了"库存"（bestand/持存物），为了既定目的留存备用的资源。

通过现代科学技术日益精确的"预测"，我们能够日益确定地完成对任何"资源"的预先探明。于是人类越来越安心地居住在一切得到预先控制的世界中，因此也越来越不愿意从那"没有痛苦，不会形成障碍，不会带来挫折，不会产生混乱"的"他能够胜任的东西"[①]上转移视线。

从这方面讲，现代技术与古代技术的关键区别，倒不在于人对环境的破坏之类，古代人也破坏环境；甚至关键也不在于截留和贮存的多寡——水坝拦截并贮存河水，但古代人也早已会用沟渠乃至人工湖来贮存河水。关键不在于技术的控制力有多大，而是在于"余地"有多大，那介于明暗之间隙的"回旋空间"有多大。

古代技术只是在光与影的交界之处，在暧昧和神秘之处，呼唤着其他事物，呼唤它们的馈赠（从而对它们负债）；而现代技术则像奴隶主那样，勒令奴隶们交出已被事先要求的东西（资源）——而上贡来的东西不会超出预订的设想，奴隶主从不希望从贡品中看到意料之外的东西，一切都早有准备，没有痛苦、没有混乱。

技术世界中的事物由于都是通过预订好的要求而集置起来的，便丧失了暧昧的界限。失去了距离，因而也丧失了真正的亲密性。事物的图像被如此清晰地把握了，以至于容不下任何暧昧不清的"间隙"。事物之间不再互相开放、互相指引，而是被一并放入一个总的、单一的框架。水车只是把流水带向了石磨，石磨

---

① 海德格尔：《论真理的本质》，赵卫国译，华夏出版社，2008年，第35页。

会聚着麦子和面粉，联系着田野和餐桌……而水坝毫无保留地截取了整条河流，全部水流被毫无保留地揭示为焦耳——事物的意义在一开始就已经设置好了。

"上天的恩赐"几乎是一个古代词汇，现代人把自然纳入全盘掌控之下，只希望自然按照现代技术预先制定的要求给予我们不多不少的资源，除此以外不希望任何意外来添乱。所以也就不再需要诸如因自然的恩赐而感激或因自然的无常而敬畏这样的情绪。

在现代世界"上天恩赐"观念最后的一块避风港，可能就是在生育领域了。最"现代"的父母们，仍然乐意把子女看作是"上天的恩赐"。孩子的出生与成长，总是受到父母的"精心呵护"，而不是"精密控制"。就像守护着森林或河流的古代人那样，家长对孩子抱有期望，提出要求，但并不指望全盘的、预先的控制。孩子身上的意外与无常有时让家长揪心，有时则给家长带来惊喜。但近几年，随着基因技术的发展，这最后的"恩赐"也终于面临消亡的危险。

基因编辑婴儿已经诞生。那么给婴儿做基因编辑，和古代母亲为了婴儿健康而采用各种偏方有什么区别呢？无非是基因技术更有效、更精确而已吗？

关键在于，古代人希望新生儿白白胖胖就和希望自然"风调雨顺"一样，并不指向一个清楚分明的结果，无论结果如何，都是上天的恩赐或馈赠。古代技术总为"意外"留出余地。但现代技术的极端精密的"预先控制"必然会改变人们对待意外的态度。

图4.1　孩子的降生是一种恩赐

　　现代世界中所有的事物都呈现为订制品，都不再留有暧昧或意外的余地。这并不是因为我们真的消除了它们各自的"间隙"，而只是因为我们只依赖于某一种媒介去揭示事物，这就是把世界图像化的现代科技。海德格尔叹道："一切都被冲入这种千篇一律的无距离状态之中，都搅在一起了，那又怎么样呢？难道把一切都推入无距离状态中，不比把一切都搞得支离破碎更可怕吗？"①当然，海德格尔并没有给出任何解决方案，反而认为，要求克服或应对的方案，这本身也是现代技术的思维方式，即希望"预先控制好一切"。海德格尔提倡的态度是"泰然任之"。

毕竟，世界的平面化、神秘性的祛除、间隙的填平，这些也都是技术逻辑下人们一厢情愿的看法。如果能够有所节制，通过发扬艺术与生活的意义，通过有意识的反思，人们仍然可以慢慢开放自己的视野，也就有可能开辟出新的意义空间。

第 20 章
工具理性批判

哲学家一旦高扬艺术，往往就被归入浪漫主义或非理性主义。但海德格尔，也包括诸如叔本华、马尔库塞等著名哲学家，当他们诉诸艺术或审美时，不是要否定理性，而是要重新唤起健全的理性。在他们看来，现代人心目中的所谓"理性"其实是狭隘化了的。

关于理性被技术异化的状况，自马克思以来，许多哲学家都以不同的方式进行批判。在法兰克福学派看来，现代工业技术的发展成就了"技术社会"，传统的合理性被瓦解重塑了。

在统治层面，原本技术是统治的工具，而现代，技术成了统治的大环境，任何统治方式首先必须适应现代工业技术的运转方式，于是，合技术性取代了合理性——不管黑猫白猫，谁更能充分发挥现代工业技术的力量，谁就是更合理的。

这种"工具"的喧宾夺主不仅发生在政治领域。无论任何目的，人总是要通过各种技术去实现它，因此改进技术，自然就能使目的更好地达成。这一逻辑本身并没有问题，但问题在于，当人们越来越沉浸于改进技术这一工作时，技术之改进本身成了新的目的，人们遗忘了原本的追求，而以"进步"作为追求本身了。

这种"工具化"最显著的发源地可能是数学领域。前文提到，在柏拉图那里，数学是灵魂升华的教学手段，能摹仿的演算和证明的过程并不重要，重要的是借助这些"启发"，去淬炼自己的灵魂。而在其他古代文明里，数学教育未必有那么崇高的地位，数学技巧有时只是被当作计算工具。但在现代科学那里，数学一方面仍然享有崇高的地位，被理解为对自然本性的揭示；另一方面，也被理解为纯粹的计算工具。事实上，恰恰是作为工具的数学运算，那些在柏拉图看来仅有辅助教学意义的符号和算式本身，被理解为万物的本质。

柏拉图追求灵魂的完善，其他古代人也以各种各样的方式追求"好"或者说"善"。无论如何，传统意义上的善总是意味着某种"适度"——希腊人讲究"节制"，中国人讲究"知止""中庸"。但"技术改进"这件事情似乎是无止境的，"更高、更快、更强"成了永恒的目的。

对现代人而言，技术改进的意义不再是促进某些目的更好地达成，而是改进本身就是目的。法兰克福学派的代表人物马尔库塞指出，技术原本的解放力量（让事物工具化），反过来奴役了人（让人工具化），让人再也提不出属于人自己的目的，而不得不围着技术的逻辑运转。

宝马好还是奔驰好？被宝马撞死好还是被奔驰撞死好？这两

个问题显然完全不同。如果不考虑真正的目的(通勤、炫富还是撞人),那么任何计算与衡量都是无意义的。但关键就是,现代技术世界中,关于"目的"的问题越来越边缘化,被归入了诸如审美、个人口味之类的"非理性"的领域,理性的根本问题变成了非理性的美学问题,而"理性"变成了完全中立化、客观化的计算。

现代技术环环相扣,形成了一个整体的体系,改进活塞的意义是优化引擎,改进引擎的意义是优化动力,改进动力的意义是提升速度,改进速度的意义是提升效率……最终一切改进的意义都归入到整个工业社会的生产力的提高之上。除了这一套环环相扣,预先设定好的目的链条之外,别的目的都归入了非科学、非理性的范畴,无非是"文艺"罢了。

马尔库塞指出,面对发达工业社会的总体性,人们的反抗或批判只能针对具体的细节问题,却无法从整体的技术逻辑中摆脱出来。

技术社会为人提供了虚幻的自由,就好比当你在纠结于救母亲还是救老婆的时候,就顾不上去追究到底是谁把她们推进河里的这一根本问题。如果这样的"紧迫问题"一个一个接踵而至,我们就可能再也停不下来去追究"根本问题"了。

民主党还是共和党?华为还是三星?美国车还是日本车?人们把理性或选择能力用在了一环接一环眼前的、实际的、紧迫的问题之中,进行着衡量和计算,但却不能跳出整个处境来问:这一切现状究竟是为什么?

第 21 章
货币与价值的同质化

古今技术转折的标志，就是所谓的"工业革命"了。

"工业革命"这一概念在英语学界首先是由历史学家汤因比普及开来的，汤因比认为，"《国富论》和蒸汽机摧毁了旧世界，建立了新世界"。

与蒸汽机相并列，亚当·斯密的《国富论》也扮演了革命性的角色，这本书正是标志着一种现代价值观的树立。

《国富论》中提出的"看不见的手"经常被人曲解，事实上它的主旨不是关于市场经济自动调节的问题，而是说每个人都追求私利，会被看不见的手所引导，最终促进公益。与"看不见的手"对立的并不是计划经济，而是传统的价值观(德性观)或工作观。

在传统上，个人的追求是直接的、具体的。工匠创造精美的产品，学者产出不朽的著作，军事家攻城略地，政治家追求权力，普通大众追求吃饱喝足多子多福……"善"的问题在具体的一言一行中都有体现。但到了现代，在价值方面也发生了一种"工具的喧宾夺主"，"钱"或者"货币"就像牛顿的"力"那样，从一种交易的中介或工具，变成一种"万有"的、中立的、无内涵的价值单位。

《国富论》标志着新价值观的形成，亚当·斯密大胆宣言：个人的追求（无论是出于本能的欲望，还是高尚的情怀）在宏观上没有意义，自私自利的资本家更能够促进宏观上的社会利益。这恰是以资本或货币为中介的。个人的、有限的、具体的追求首先被化约为抽象的、普遍的、无止境的财富增值的追求。

科学革命用定量计算的精确科学取代了定性解释的自然哲学，用机械的外在关系理解一切事物。现代工业也秉持了这一逻辑，可量化的外在关系支配着一切生产活动。

资本和能源分别是在经济和工业领域的"广延"，亦即某种只剩下外在性的量度。它们只有外在关系而没有内在禀性，除了可计算的价值之外而没有其他暧昧不明的性质。而货币就成了这可计算的外在价值的终极衡量单位。

哥白尼在研究天文学之余，还发表过讨论"劣币驱逐良币"的经济学论著（事实上比最终命名此法则的格雷欣更早）；而牛顿在科学史上功成名就之后，晚年又担任了英国造币厂厂长，期间推进了金本位制度建立。这科学革命一头一尾两位巨匠的双重身份固然是出于巧合，但也颇有象征意义。货币制度也在现代世界的形成中扮演着举足轻重的角色。

古代人也使用货币，但它在经济生活中扮演的角色始终是有限的。资本主义下资本就是生产的资源，而在古代，生产所依赖的许多东西并不能用货币来衡量，比如对土地的占有、人身依附关系等。在古代，土地更多的是家族继承而来，分封的土地更是与政治功业相关，都难以单纯地用货币衡量。劳动者的人身关系也经常是固定的依附，而不是现代世界那种以薪水维系的雇佣关系。至于对资源和市场的占有，往往也带有更多不可转让的个人地位的因素。

关键在于，在古代，所谓的"占有"并不是中性的，"占有"是一方对另一方施行的具体的行动，而不是两个抽象的符号之间的外在关系。西美尔在《货币哲学》中说道："占有是行动，占有物不是无条件顺服的对象"①。

比如说，我有一头小毛驴，但我从来也不骑，那么我要么是把它当作磨坊的劳力使唤，要么是当作肉食的储存随时宰杀，总而言之所谓"占有"总是与某种或某些特定的行为有关，如果我既不会骑，也不能使唤，也不去吃，那么我在什么意义上称得上占有它呢？对于土地、奴仆、器具等事物的占有与此类似，占有这一行为实质上就是以某种形式把自我延伸到客体之内，在客体之内实现自我的意志。

占有体现着我的能力与品位，占有的行动同时也是对自我的确认，于是，一旦这种占有的界限被无限扩大了，那么人的自我意识也将无限膨胀，同时又无限坍缩，这正是现代人面临的处境。资本主义及其货币经济，让人们能够远远超出自己的实际能

---

① 西美尔：《货币哲学》，陈戌女、耿开君、文聘元译，华夏出版社，2007年，第229页。

力，突破任何现实的距离，去抽象地占有某项财产。

例如，我的那头从来不骑的小毛驴，在刨除了一切实际的应用场景之后，还剩一个用途，那就是换成货币。我不需要有任何一种实际的能力去控制这头毛驴，我只需要在纯然空洞的名义上占有它，我就有权把它卖掉。甚至我可以从未见过这头毛驴，也从未直接或间接地从这头毛驴身上获得名分之外的任何影响，乃至于这头毛驴实质上不存在，我都可以卖掉它。

在货币经济中，主体及其所拥有的客体无限地相互疏离："对公司的经营管理不闻不问却按股权分红的人，从未造访过其债务国的债权人，出租土地的大地产所有者，这些人都把财产交付于一种纯粹技术性的精英，对此他们本人则不动一根手指头，尽管他们从其财产中渔利。而这一切只有拜货币所赐才成其为可能。"[①]

这种疏离化一方面促进了个体的自由，个体免除了各种实际事务的束缚；但另一方面，这也让个体自由陷入迷失。因为个体再也难以在它的占有行动中揭示自我的个性，通过一种完全中性和普适的占有方式所揭示出的自我，也是完全中立和普通的，毫无个性的常人。当自我扩张到无所不在时，也就迷失了自己的处所。无限的自由即是无自由。

在货币面前，没有什么界限能够阻挡我们，深埋地底的矿石

---

① 西美尔：《货币哲学》，陈戎女、耿开君、文聘元译，华夏出版社，2007年，第256页。

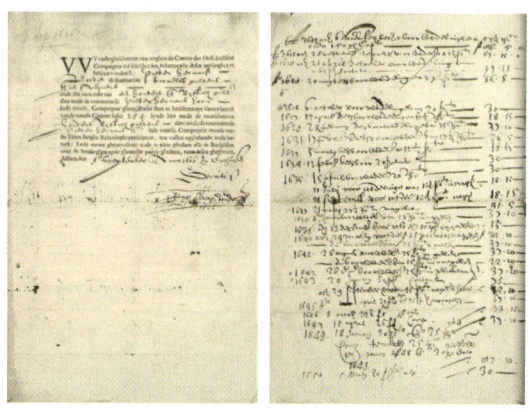

图4.2　东印度公司的股权凭证（1606年）

和远在天边的恒星，也可以成为个人的财产。货币让人能够把不可控制乃至不可企及的事物"纳为己有"，破坏了人们对局限性的感知："当今的时代忽视财产占有根本的局限性，因为我们的适应能力已被破坏，毫无顾忌地攫取自由和财产，这导致我们向事物提出了数不清的要求，而按照事物和我们的本质，这些要求根本不可能达到。"①

货币的这种绝对的中立性和普适性扭曲着人们对需求和价值的理解，打破了需求的个人性和价值的相对性。举例来说，当我在一个相对的语境下衡量个人的需求时，无论这种需求是高尚还是卑劣，无论是食欲、性欲还是暴力，它总是有限度的，一个人再怎么贪吃，也不可能24小时不停地进食，再怎么好色，也不可

① 西美尔：《货币哲学》，陈戎女、耿开君、文聘元译，华夏出版社，2007年，第249页。

能24小时不停地做爱。这些有限的"贪欲"与由现代货币所支持的无限的贪婪有所不同。人们对货币的贪婪远远超出了肉欲的限制，也打破了自然的节律。人们可以24小时不停地追求钱的增值，这种增值多多益善，永无止境。

货币这种"不受条件限制的目标"，"给现代生活装上了一个无法停转的轮子，它使生活这架机器成为一部'永动机'，由此就产生了现代生活常见的骚动不安和狂热不休"。①

正如万物在绝对的上帝面前变得一律平等，生活在金钱面前也变得扁平化，货币打破了价值在生活中质的差异，人的生活世界就好比从和谐世界到无限宇宙的世界观变革那样，从一种各向异性的整体，蜕变为只有量的差异而没有方向的同质的碎片。

---

① 西美尔：《金钱、性别、现代生活风格》，顾仁明译，学林出版社，2000年，第12页。

第22章
"务实"的陷阱

批判现代性的哲学家们经常会遭遇以下这种轻率而不屑一顾的斥责：你们谈了半天都不切实际，你倒是说说该怎么办呀？你打开电灯，拧开水龙头，就是在享用现代科技，你怎么能批判现代科技呢？难道要让所有人住进深山老林里吗？

我甚至在哲学系的多位老师那里听到过类似的观点，这是极其悲哀的。没有人能避免死亡，没有人能逃离生活，但我们总还要思考生存与死亡的意义，这不正是哲学家的基本旨趣吗？而可怕的是，在现代，竟然连哲学家也都向这种狭隘的"务实"思维投降了。

当然，务实本身并没有错，"具体问题具体分析"，也没有错。但问题在于，当我们"具体问题具体分析"时，永远无法超越某些在总体上支配着我们的东西。比如当我们具体分析宝马好还是奔驰好时，货币、公路和整个技术环境其实是制约着我们思维的背景。因此，当我们说起"具体问题具体分析"时，往往并不是意味着陷入具体语境之内，而是意味着臣服于既定的普遍性，意味着放弃对衡量是非对错的标尺本身进行追究。

　　"具体问题具体分析"的真正意思就是"甘愿入局"，承认了总体规则和尺度的合理性，然后入局后越是仔细分析局面，越是再难以超拔出来，以至于不再想你究竟为何入局的问题。

图4.3　越是深入问题的细节，越是丧失了"掀桌"的能力

　　马尔库塞指出，在自然科学中的"操作主义"，其实反映了整个现代人的思维方式，也就是说，我们不再容许在思想概念里包容那些我们不能用具体操作来加以定义的东西。

　　但什么是"可操作性"呢？可操作性无非就是技术环境所支持的可能性。最终起支配作用的还是技术环境，技术环境不单限制了我们的生产力，甚至还要来限制我们的想象力，批判者不但失去了发言权，连理性思考的能力都没有了。

当工人抱怨工作让人痛苦的时候，早期的资本家只会粗暴打压，但新时代的资本家学会了循循善诱，引导工人来具体分析：哪里不舒服呢？工作环境太脏？那么可以添置垃圾桶。太乱？我们来完善规章制度。太孤独了？我们搞搞联谊会。太压抑了？我们开通心理辅导热线。钱太少？那就给你加薪。还嫌少？那就跳槽去吧！找不到好工作？那是你要求太高，太矫情了。

在操作主义的语言体系下，凡是能说清楚的问题，就一定能解决，即便暂时解决不了，也能够通过一步一步的具体工作慢慢解决。而要想一步一步扎实推进解决过程，你就必须继续承认整体的合理性，甚至为既定的机制添砖加瓦。

当技术的逻辑支配一切时，那些不愿意"入局"的人反而变成了千夫所指，被指责为好高骛远、不切实际，甚至逃避现实、不负责任。

例如，第一个基因编辑婴儿的降生受到广泛批评，原因是技术不够成熟、不够安全，不确定性太大，因此对婴儿不负责任。但我们可以想象，当相关技术足够成熟之后，如果你还想"听天由命"，不进行基因编辑而让婴儿自然降生，反而又会被抨击为不负责任，理由同样是不安全、不确定性太大。既然有技术能够预先控制遗传病的可能性，你不利用，就是不负责任的、非理性的，乃至于疯狂的。

如何逃脱这种指责呢？关键在于，我们要意识到每一种技术本身都蕴含了某种衡量尺度。放着好技术不用当然是非理性的，但问题是究竟什么才算"好"，未必只有一种标准。

　　哪怕是"遗传病"，都未必绝对是坏事。如果某种遗传病必定坏事，携带这一基因的人群的生存能力必然更差，那么在漫长的进化史中，经历着所谓"优胜劣汰"，早就应该被淘汰没了才对。那么如果一种病症能够遗传给后代，事实上理应有某种特殊的生存优势。

　　的确如此，科学家逐渐找到与一些遗传病相伴随的生存优势，比如带有镰状细胞贫血症基因的人群，更容易抵御疟疾，因而在疟疾高发的地区有其生存优势。优胜劣汰并没有一个绝对的"优"的标准，适者总是相对于环境而言的，而环境本身总是多样的和变化的。在一个地域和一个时期的优势，到了另一个地域或另一个时代可能就变成了劣势。

　　另外，许多时候，天才与疯子只有一步之遥，许多天才所具有的天赋，在另一些人身上未必是什么好事。偏执能让人疯癫，也能让人专注。比如说，有一种基因特性让人有10%的可能性变成疯子，那它是一个劣势的基因吗？但如果拥有这个基因的人，同时还有0.1%可能性变成爱因斯坦呢？至于聪明、美丽之类的衡量，时代性就更为显著了。善于编程的人在今天是聪明的，但在古代却无用武之地。博闻强记、倒背如流在古代无疑是聪明人，但在随手就可以用搜索引擎来检索信息的今天，就没那么了不起了。

现代技术复制和扩张的速度空前，当某种技术很快席卷世界的时候，就意味着某种"尺度"也可能过度膨胀了。我们当然期望技术能够促进多元化或多样性，但往往事与愿违。比如说，整容技术理论上能够让人脸千变万化，但实际上我们已经看到，在一个全民整容的国度，人脸却是变得越来越单一而不是越来越多样。

"务实"并没有错，关键在于，"务实"总是相对于某一具体环境而论的策略，拒绝某一环境下的"理性"未必意味着疯狂。

第 23 章
垃圾的现代性

前面讲到，现代技术的特点是对一切"预先控制"，驱逐暧昧和余地。然而，我们究竟在多大程度上完成了对全盘的控制呢？或者说，现代技术其实并没有完全照亮整个世界，我们只是对阴影部分视而不见？

事实上，现代技术的"背面"，作为"阴影"相伴而生的，就是"垃圾"。

前文提到过海德格尔的一个概念 bestand，一般被译作"持存物"，我为了通俗起见，用了"库存"一词。但"持存物"恰好可以与另一个通俗名词相对应，那就是"废弃物"。废弃物也就是垃圾，但用"垃圾"这个词去指称各种废弃物，这种观念也是现代的。

废弃、丢弃这两个概念很容易理解成可以指称一系列在形式上相近的行为，但丢弃行为的共同性并不必定意味着被丢弃的东西也就顺理成章地可以被归为一类了。比如，与"丢弃"相对的"接受""留存"等行为，似乎就并没有类似"废弃物"这样的名词形式，更不用说"击打""抚摸"等行为了，这些行为有统一性并不能天然地意味着行为所指向的对象可以被某一个概念统括。

废弃这一行为只是把某个事物从某个特定的使用场景中排除，但未必需要把它归入另一个特定的场所（比如垃圾桶）。被废弃的不一定是"废物"，例如，一件破烂的衣服可能变成布料、抹布、燃料、造纸原料等；吃剩的食物可能变成泔水或狗粮。不同的事物往往有不同的归宿，而并不必定要汇聚于所谓的"垃圾"。

所以说，让"垃圾"这一概念得以成立的，不止是"丢弃"这种行为，还需要某种独特的观念和视角，以便把"垃圾"从形形色色的存在者中分辨出来。这种观念在某种意义上甚至要先于特定的丢弃行为，因为当我们决定丢弃某物之前，它已然被分辨为"垃圾"了。放弃一件衣服并把它变成抹布，与向着垃圾桶丢弃一件衣服，是两种不同的行为，熟悉了垃圾这一概念的现代城市人更容易选择后一种行为。

要把一件东西认作垃圾其实并不容易，比如在电影《上帝也疯狂》中有个情节，一个布须曼人（桑人）部落有一天捡到了一个被飞行员丢弃的可乐瓶，显然，他们没有把它看作"垃圾"，而是首先认作神的礼物。它首先像玩具一样被把弄，像艺术品一样被欣赏，最后逐渐被探索出一些实用的方式。自始至终，这个瓶子都和他们的生活世界格格不入，找不到恰当的位置，但又因为其唯一性，促使人们争抢它。最后当这个可乐瓶快要破坏掉他们传统的生活方式和人际关系时，部落中的有识之士终于想到应该把它丢掉。但它仍然不是作为垃圾被丢弃的，而是被认作了"邪恶之物"。然后，我们发现他们并没有找到一种恰当的丢弃事物的方式，瓶子首先被抛向空中——哪里来的就还到哪里去（但显然它立即掉了回来），之后被埋在土里（后来被野兽翻了出来），最后这个部落的人决定把它带往"世界尽头"，因而长途跋涉穿越了现代文明的领地，这就构成这部电影后面的情节。到电影结局，他终于找到了世界尽头（是一个悬崖，而不是垃圾桶）并完成了丢弃的使命。

这段电影情节有许多技术史方面的寓意，此处不多说了，我只想表达一点，那就是把垃圾认作垃圾可不是一件简单的事情。当我们随手丢掉一个可乐瓶时，可能想不到这个动作是需要许多的观念积淀才做得出来的。

首先，我们需要把某些事物看作无用的废物，这一点非常难，我们注意到被现代人废弃的可乐瓶在原始人眼中蕴含着无限的使用余地；其次，我们需要为垃圾找到恰当的归宿，即"世界尽头"，而在原始人那里，他周边的每一个处所都是有意义的，都是他生活世界的一部分，他们虽然懂得填埋，然而一旦他们下决心要彻底摆脱一个事物时，也知道就近填埋是不够负责任的，他们的生活世界并没有"尽头"，他们认为世界尽头在很遥远的地方。而对现代人而言，垃圾桶就是他的"世界尽头"，把某个东西丢入垃圾桶之后我们就自以为摆脱了它。

当然，古代人虽然欠缺"垃圾"这一概念，但他们的生活当然也产出"垃圾"，就好比说古人没有形成科学或技术的概念，但却可以追溯出他们的科学成就或技术制品。

图4.4 垃圾桶

在某种意义上"垃圾"几乎就是工具必然的副产品。因为人不是万能的神，人类制作时所采用的材料也不是永恒不朽的东西，因此任何人的作品都是有限的，注定会朽坏。在器物制造的同时必然伴随着器物的废弃，在这个意义上垃圾史与技术史同样久远。如果再考虑食物残渣和排泄物，鉴于生命的基本特性就是新陈代谢，"代谢产物"意义上的"垃圾"甚至与生命同样古老了。

当然，对远古先民来说，垃圾并不成为突出的问题，狩猎-采集者居无定所，在其居所周围丢满垃圾之前早就会迁徙离开。另外，原始的农业生活产生的垃圾很少，很容易循环利用或消散于自然环境之中。只有随着城市的出现，垃圾才成为需要专门处理的问题。

垃圾固然是古已有之，但古代人所面对的垃圾和现代人的垃圾问题是否只有程度和规模上的区别呢？如果只是如此，我们便似乎不必对垃圾问题感到忧虑，因为这无非是文明繁荣的必然结果罢了。古代人挖个小坑来倒垃圾，现代人无非是需要把坑挖得大一些，仅此而已？

图4.5　现代人处理垃圾的主要方式和古人一样：填埋

还是说，垃圾问题也有其现代性，现代人之所以面对更严峻的垃圾问题，未必只是垃圾更多了而已，是否垃圾在人类生活世界中扮演的角色，以及人们如何看待垃圾的观念，也都有所变化呢？

事实上，人们对"垃圾"的观念与"工具"或"价值"的观念有关，进而与一般的"物"有关。如果说垃圾是"无用之物"，那么它恰好与作为"有用之物"的工具或技术相对应。因此垃圾的现代性问题与技术的现代性问题密切相关。

某些变化是显而易见的，例如美国的《生活》杂志于1955年提出"抛弃型社会"的概念，描述现代人的某种消费主义的生活方式和价值观念，"耐用"不再成为衡量器物价值的主要标准，相反，"一次性""不断更新换代"等观念日益成为流行。生产者为了利润，消费者为了时髦，往往主动缩减事物的寿命，更设定出"保质期""使用年限"等尺度，强行废弃那些仍然有效的事物，以便维持稳定的"生产周期"。

图4.6　现代工业制品都要打上"保质期"

现代人把许多东西看作垃圾而废弃时，经常是由于"过期"而非"腐坏"。一个过期的食物可能依旧美味可口，一栋超过年限的建筑物可能依旧结实可靠，它们之所以被废弃，只是因为它们超出了人的控制，变得"不安全"。

这里涉及的不只是所谓的消费观念，更反映了人们对一般技术物或一般存在者的看法。"保质期"这一概念反映了"预先控制"的要求，人们不希望在暧昧和不安中等待着事物逐渐脱离控制，而总是希望精确地"预置"每一件事物，包括它们的用处和寿命，当某件事物开始脱离控制时，将其置入垃圾桶才是正确的选择。

"朽坏"是古代技术和现代技术都无法逃避的命运，区别在于，古代人所面对的"命运"是无常的，而现代人试图预先掌控命运——如果不能让事物不朽，那么就在事物朽坏之前抛弃它们吧，只要把混沌与不确定性丢入垃圾桶，生活世界就变得井然有序了。

现代技术并没有变得全知全能，并不能真的预先控制一切，只是把不受控的部分认作垃圾而丢入下水道视而不见。但危险是，现代技术的影响力的确覆盖了整个地球，因而能留作垃圾场的空间越来越少了。"垃圾"快藏不住了，技术的有限性问题以环境污染等面目暴露出冰山一角。

第五部分

技术与进化

第 24 章
黑暗森林：对进化论的典型误解

前面讲到，纳粹集中营的逻辑是"要么存在（有用），要么垃圾（废弃）"，用另一个我们更熟悉的词组就是"优胜劣汰"。纳粹把进化论曲解为"优胜劣汰"的"丛林法则"，并用这一逻辑为整个现代秩序的运转辩护。

这种滥用的进化论思想通常被称作"社会达尔文主义"，但我不太赞同这个词汇。听起来好像是说：他们也是达尔文主义的，只是滥用到了社会层面。事实上，"优胜劣汰"压根就不是达尔文主义进化论的内容，或者说，这种所谓的优胜劣汰是有条件的，与诸如"强者为尊"的信条毫无关系。

纳粹覆灭了，但对进化论的误解并没有消失，仍然影响广泛。典型的例子就是中国最著名的科幻小说《三体》，其中的黑暗森林法则就体现出对进化论的严重误解（当然，作为一部小说，并不需要苛求其设定严谨，但许多读者把这一法则当真了，这就值得纠正了）。

进化论表面上讲的是优胜劣汰适者生存，但进行竞争的单位究竟是什么，适应的对象是什么，都需要更深入地理解。进化论是一个相当基础的思考框架，可以在多个尺度上运用，既可以针对一个物种，也可以针对一系列种群，还可以针对其中的一些特征的演化。而适者所适应的乃是环境，而这环境又是由其他许多物种，由其他不同层次上的适者组成的，狼是兔子的环境，兔子也是狼的环境。因此适者生存毋宁说是一种互相适应，阐释为"合群者生存"也是可以的，但阐释成"强者生存"是不对的。

进化论甚至会让"囚徒困境"失效。比如，银河系有地球人和三体人两组囚徒互相博弈，仙女星系有天方人和四面人互相博弈，然后地球人和三体人互相猜忌互相毁灭，天方人和四面人（不管因什么理由，就算是某种不讲道理的神秘信条好了）互相协作互相促进，那么最终在更大层面上的生存竞争中，仙女星系人就会胜过银河系人，于是在更大的时间尺度上神秘的合作信条就胜过了看似理性的猜疑理论。

《三体：黑暗森林》中让主角罗辑确信他的猜疑链理论的事件，其实恰恰是驳斥这一理论的例证：脱离地球的太空舰队中因资源有限和猜疑发生了互相残杀，悲惨的结果证明了互相猜疑和残杀并不有利于总体的生存繁衍。假设总共有100支舰队向不同方向远航，其中50支奉行猜疑原则并选择先发制人互相攻击，另50支是狂热的宗教信徒，每个人都无条件信任队友并且愿意做出牺牲，在资源短缺的情况下宁可抽签自杀也不发动内耗，更加不至于互丢氢弹。那么最终相互信任的一方也许比奉行猜疑的一方更具生存优势。

实际情况并没有那么简单，但无论如何，我们的确可以看到，在亿万年进化之后，形成了动物之间的各种互利共生行为，人类之间的各种促进合作的行为模式（包括政治结构、伦理规则，也包括看似无理的宗教和神话）。物种内协调合作的模式、物种间互利共生的机制，并没有被进化的历程瓦解，反而日益复杂精致。

《三体：黑暗森林》中提倡无条件的猜疑，鼓励对弱者先发制人并赶尽杀绝，这是纳粹的"灭绝论"而非达尔文的进化论。这种观念在今天尤为危险，因为在古代，人类也可以"作死"，但影响往往是局域的。比如某一群人特别热衷于破坏和杀戮，他们可能辉煌一阵子，但难以长治久安，很快就被人类文明史淘汰了，它的文化和习俗消亡了，别的更善于合作共存的文化却更能长期地延续发展，因此人类总体上来说不断从野蛮走向文明，从残杀走向和平。但在今天，人类有了"作大死"的能力，全球化使得全体人类逐渐形成一个单位，这个文明一旦走入了死胡同，可能就未必有别人补位了。

在尝试用进化论的视角来理解技术的历史之前，我们必须小心谨慎，避免用达尔文主义的名号为猜疑、杀戮乃至灭绝张目，相反，我们将用进化论的视角为文化多样性提供支持。

第 25 章
技术的起源

　　将技术发展史类比作生物进化史，从进化论的视角去看待技术或其他人类创造物，诸如这类的主张并不新奇，自达尔文发表《物种起源》以来，"技术进化论"一直是一个热门话题。

　　在达尔文的时代，拿生物和机器互相类比本就是流行的思潮，只是在之前，主流是把人或动物的机体比作机械，而在达尔文之后，类比的方向正好反过来了。

　　除了畅想机器交配的小说家之外，马克思或许是最早严肃思考技术进化问题的著名思想家。他在《资本论》第一卷的几个脚注中提到了达尔文对技术史（工艺史）的启发意义，例如："达尔文注意到自然工艺史，即注意到在动植物的生活中作为生产工具的动植物器官是怎样形成的。社会人的生产器官的形成史，即每一个特殊社会组织的物质基础的形成史，难道不同样值得注意吗？"[1]

---

[1] 马克思：《资本论（卷一）》第 13 章，见《马克思恩格斯全集》（第 23 卷），人民出版社，1972 年。

在达尔文之后，许多技术史家都尝试用进化论的视角去梳理技术发展史，要找到技术进化与生物进化在结构上的相似性并不难，不过要深入挖掘进化论视角的启发性，我们先要看看进化论究竟包含哪些核心洞见，再来看看这些洞见与技术史有哪些对应。

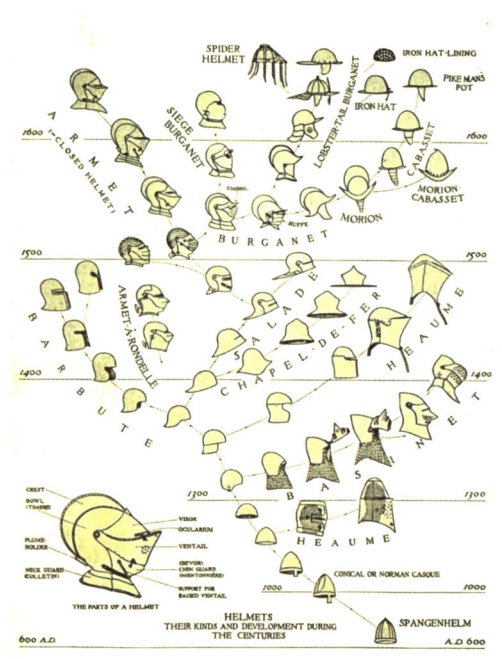

图5.1　中世纪头盔的进化史

恩斯特·迈尔在《进化是什么》一书中指出达尔文进化论包含5个论点[①]：

---

① 迈尔：《进化是什么》，田洺译，上海科技教育出版社，2003年，第79页。

1.物种并非恒定不变

2.共同祖先

3.进化是逐渐的

4.物种的增殖

5.自然选择

前4条是达尔文之前的其他进化论者提出的，而第5条是达尔文的创见。

把这5条对应于技术史领域，首先第1条在技术史中也是显而易见的，技术并非恒定不变。

第2条涉及技术的"起源"问题，复杂的、高级的技术是否有其原始原型呢？

从历史上说，最古老的技术大概是木棍，大猩猩和黑猩猩都会简单加工树枝用来舔食蚂蚁之类。不过就人类而言，最具象征

图5.2　用树枝辅助吃蚂蚁的黑猩猩

意义的技术可能还是对火的利用。

　　木棍、火和原始石器可能是各种技术的原始形式，越是远古时代，石器就越少分化出各种功能，原始石器文化上和功能上的多样性并不显著，一直到旧石器时代晚期，分化出了各种不同功能的石器，比如鱼叉、长矛、斧头等，各个地域的石器也逐渐变得各具特色。

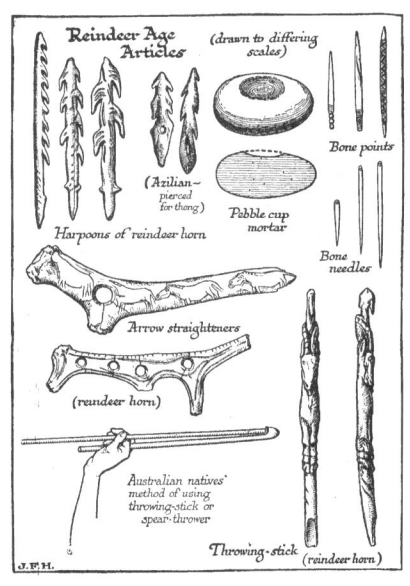

图5.3　旧石器时代晚期，工具多样化且带有地域特色

　　不过，真要追根溯源，技术的共同祖先不如说是人本身，人的身体在某种意义上是原初的工具，而其他技术则是身体的延伸。就像婴儿降生后第一项任务就是学会控制自己的身体，人类

在发展各门技术之前，也要首先发展自己的身体。

技术是身体的延伸，身体是技术之母。但这种状况并不是因为人类的身体特别发达，相反，是因为人类的身体尤其孱弱。

在第二部分我们曾讲到，人类这种动物天生特别弱小，在漫长的幼年期中需要去学习后天的技术知识。

技术哲学家斯蒂格勒重新阐发了一则古希腊神话来说明人类的这个特点——话说众神创造万物时，爱比米修斯负责为各种动物分配技能，有些动物会飞翔，有些善于奔跑，有些能游泳，有些善撕咬……但爱比米修斯操作时大手大脚，一开始把准备好的技能分得太快了，以至于后期捉襟见肘，到最后剩下一个物种时已经没有能分配的技能了，这种动物就是人类，于是人类天生孱弱无能，既没有尖牙也没有利爪，既不能飞行也不善奔跑……爱比米修斯犯的错，他的哥哥普罗米修斯想办法补救，于是从工匠之神那里盗取火种传给人类，这就是一切技术的起源。

这一神话暗示出"技术的起源"这一问题恰好对应于"人的起源"。提示人这种动物的根本特点在于，其天生状态是"未完成的"、缺失的，需要后天的、外在的东西去补足他。

人类最原始的技术活动也显示出与大猩猩的树枝不同，最重要的特点是人类有"留存备用"的行为，也就是说，有某种"超前意识"。比如有考古证据表明原始人就可能携带着工具长途跋涉，人会在适合制作工具的场所（而不是在适合使用工具的场所）制作工具，然后在时间或空间相隔很远的场合才去使用它。

图5.4　后来爱比米修斯又遗忘了哥哥的叮嘱，打开了潘多拉的魔盒（罐子），给人类带来灾厄

　　也就是说，人先天所缺失的东西，恰好是人后天所遗留的东西。也就是说，人类可以有意识、有筹划地，把某种由他后天发展起来的技能，遗留并传承给后人。

　　这岂不就是在一般动物进化史中罕有的（严格来说并非完全不存在）"获得性遗传"的模式吗？如果以刚出娘胎的婴儿为界，他父母的后天努力的确并不会改变遗传给婴儿的DNA，但如果说就成人而言，他其实接受了两类"遗传物质"，首先是和其他动物一样接受分子层面的遗传物质；其次是前辈遗传下来的"物"，而这些宏观的遗传物，亦即技术器具，和先天的DNA一道决定着人的成长方式，塑造着每个人将成为一个什么样的人。

人拥有双重遗传物质，拥有两支进化线。而这两支进化线互相交织，因为人的生存不只要适应自然环境，还要适应不断被人改变的技术环境，因此技术的进化反过来也会影响基因的变化。

斯蒂格勒说道："人在发明工具的同时在技术中自我发明。"[①] 人的本性并非先天固定，而是伴随技术史被不断塑造的。当我们讨论人生而如何，或人应当如何时，就不能忽略技术史的语境。

[①] 斯蒂格勒：《技术与时间1：爱比米修斯的过失》，裴程译，译林出版社，2012年，第167页。

第 26 章
渐变与剧变

第3条涉及进化的渐进问题,在生物进化论中,器官或机能不会凭空出现,而总是通过无数次细小的变异累积而成。

在技术史中,渐进性其实是显而易见的,以至于达尔文在说明生物进化的渐进性时,反而是以机器来类比的,他说道:"几乎所有生物的每一个器官,都完美地适应于其生活的环境条件,所以任何器官都不会突然就完善地产生出来,正如人类不可能一下子发明出复杂完善的机器来一样。"[①]

虽然新技术需要发明家的灵光一现,但发明家的灵光并不是凭空发生的,能够为技术增添的东西有其时代性。例如,达·芬奇造不出宇宙飞船,爱迪生也发明不了智能手机。

哪怕是横空出世的发明家,也总是站在前人的肩膀上。特别是在技术飞速发展的现代,"优先权"之争印证了技术发明的渐进性,也就是说,在同一时代往往有许多人不约而同地在类似的方

---

① 达尔文:《物种起源》,舒德干等译,北京大学出版社,2005年,第33页。

图5.5 达·芬奇设计的直升机，达·芬奇的想象力超越了时代，但许多设计在当时并不能实现

向做出改进。

瓦特、爱迪生和莱特兄弟无疑都可以在人类史上最著名的发明家中名列前茅，但他们几位一辈子都在不断打专利权官司。而他们的发明也都是基于同时代的成就，瓦特的蒸汽机在钮可门蒸汽机之上加以调整，爱迪生在屯灯灯丝的效率方面只是比竞争者略胜一筹，莱特兄弟同时代有许多成功的飞天者，只是他们的飞机更有可操控性……

不过，虽然发明家不能横空出世，但某种技术发明却有可能在某个社会中"空降"。这就是在全球化时代尤为普遍的"技术转移"过程。一种技术在其相应的环境中被发明出来，但有可能被突然投放到另一个尚未对它做好准备的新环境中，这就有可能造成局部的生态剧变。这就好比生物学中的"入侵物种"。任何物种在其原生环境下总是逐渐发展起来的，因此在该环境下它往往处于相对平衡的状态，有天敌、有极限，然而一旦把这一物种投放到一个新环境下，有可能因为水土不服而难以生存，但也有可能因缺少天敌而肆意繁衍，以至于打破生态平衡，造成破坏性的后果。例如，把来复枪引入狩猎部族可能造成整个文化的灭绝，把书写技术引入口语社会可能造成萨满或德鲁伊文化的瓦解。又比如，火药在中国影响并不显著，但引入欧洲后则"把骑士阶层炸得粉碎"。这些影响有些可以说是积极的，但也并没有绝对的衡量标准。

除了缩小到局部空间来看技术的"空降"之外，如果放大时间尺度，我们也可能区分出渐变的、稳定的时期和剧变的时期。在生物进化论方面，古尔德等人提出的间断平衡理论为达尔文做了补充（并非颠覆）。间断平衡论认为，在漫长的进化史中存在相对稳定的平衡期和相对剧烈的间断期，在时间尺度上间断期更加短暂，但新物种的产生却更加集中。最典型的就是"寒武纪生命大爆发"。

这种剧变往往意味着整个生态圈发生了某种显著的、不可逆的颠覆，例如，在寒武纪，大气和海洋中的含氧量变化是导致物种大灭绝和大爆发的背景，同时，新物种构成的新生态又进一步塑造和维系了新的氧气比重，最终达到新的平衡。

在技术史方面，也许只有两场大的剧变期，一是农业革命，二是工业革命。旧石器时代绵延数百万年，石器的多样性和复杂性一直在缓慢增长，并没有显著变化，但是从一万年前开始，在人类掌握农业并开始定居生活前后的数千年内，新石器爆发式增长，其他各种技术也全面开花。

在农业时代，技术不断改进，但时常又有反复，战乱和衰落导致许多古代技术反而倒退乃至失传，直到工业革命之后，技术的发展一下子又跃上了一个新的台阶。

那么，在工业革命之后，我们是处在一个尚未完结的间断期，还是又有了几轮新的革命呢？

这个问题恐怕没有标准答案。的确，接踵而至的电力革命、信息革命，都对整个人类的生存环境带来了不可逆的全局改变，但也可以被看作是工业革命的构成环节。好比说所谓的寒武纪生命大爆发，放大来看也可以分作若干阶段。

无论工业革命是一幕大剧还是若干集连续剧，值得警醒的问题是，这个连绵至今的新技术爆发的"间断期"，是否也会有完结的一天？人类是否还会进入一个新的"平衡期"，各门技术逐渐达到天花板，技术更迭不再如此令人目不暇接，技术对经济状况和生活水平的影响也趋于稳定了吗？

事实上，工业革命之初带来了经济和人口的剧烈增长，到今日已经趋于平衡，甚至发达国家的人口开始萎缩。一些局部领域的技术发展远超人们的预期，但另一些领域却有停滞的趋势。比如，手机的各种相关技术日新月异，但蓄电池却令人尴尬地停滞不前。可见市场需求的爆发未必总能带动技术迭代的加速。杨振宁最近就高能物理领域发表的评论——"盛宴已过"，也可能针对其他的科技领域。

无论目前的境况是盛宴已过，还是盛宴正酣，天下无不散的宴席。每一种技术的发展总有其瓶颈或极限，即便在技术大爆炸的剧变时期也不例外，只不过在剧变时期，一部分技术的发展陷入停滞的同时，更多的技术高速发展，以至于总体来看世界日新月异。但如果趋于停滞的不再是少数而是多数，那么我们总有可能进入一个新的平衡期。

在信息技术仍在高速发展的当下讨论技术停滞问题，确实有杞人忧天之嫌，但我们的确应当特别警醒。因为当代人的整个生活态度和经济模式，都是建立在世界能不断高速进步的前提之下的。技术时代的典型生活方式就是"借新还旧""寅吃卯粮"，每个人都以未来能够持续获得新财富为前提来筹划自己的生活。"月光族"的"提前消费"逻辑在人类集体层面就表现为"先污染后治理"的逻辑——我们排放着现时尚不能处理的垃圾，期待后世以更高的技术水平再去处理。一旦技术不能加速发展，那么目前的模式一定是"不可持续"的，而我们对于这种污染大于治理的"不平衡"状况竟能够心安理得，无疑是因为我们对后世的技术抱以更高的期待。在人类普遍采取这种预支未来的生活方式的情况下，一旦进步发生停滞，或者哪怕只是放缓了节奏，带来的影响都可能是灾难性的。

第 27 章
共生与特化

第 4 条涉及进化的"单元"问题，在生物进化方面，"物种"是一个关键单位，在 20 世纪，随着分子生物学的发展，"基因"也成为进化的基本单位，进化史被看作不同的基因相互竞争的历程。

在生物学上，物种的界定是根据"生殖隔离"，同一物种之间可以交配繁衍，不同物种之间即便杂交也很难继续繁衍后代。

但在技术史方面，却很难找到基因和物种的对应物。人类技术的衍生虽然与物种增殖形似，但毕竟不是通过生殖过程，不同技术之间的"杂交"现象司空见惯。

1779 年克隆普顿发明"骡机"，因综合（杂交）了珍妮机和水力纺纱机的特色而得名。但骡子没有繁衍能力，"骡机"却可以不断流传和改进。在现代，诸如汽车、计算机、手机等器物，更是很难再说是一种技术，而是一群技术聚合在一起的产物。

不过事实上这种现象也不完全和生物进化相矛盾，事实上，生物界也经常能发现多个物种趋向于聚合、共生的进化趋势，例如珊瑚礁就是一种典型的小生态系统，珊瑚虫的"遗体"层层累

图5.6 珊瑚礁构成了海洋中，乃至整个地球上最为丰富多样的生态结构

积，构成了礁石一般的结构，而藻类、海绵、水母、蠕虫、鱼类等无数种动物和植物都栖居于这一环境，互利共生。一些藻类甚至直接栖身于珊瑚虫体内，并为之提供养料。

在生物学上，某珊瑚虫是一种动物，但"珊瑚礁"就好比一部手机那样，是一整个生物群落。

这种共生聚合的现象绝非个例，事实上，我们每个人也不是单一的个体，例如人肠道中生存着无数细菌，甚至比人体的细胞总数还要多得多。肠道菌群在新生儿出生后才逐渐形成，却承担着重要的功能，不仅影响着我们的消化功能，还参与了免疫和代谢等多个方面，甚至还可能影响我们的情绪。食草动物更要依赖肠道菌群来消化纤维素。

某个物种永久性地嵌入另一个物种体内，从此共同繁衍，这

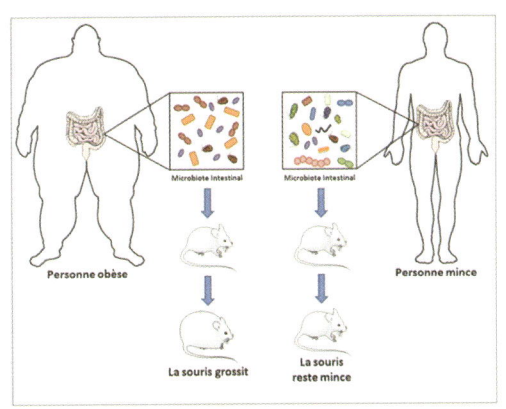

图5.7　在无菌环境下培养的小白鼠需要多吃30%才能正常成长，而植入特定肠道菌群的小白鼠则更容易肥胖

种情况也是有可能的。马古利斯等人提出诸如叶绿体、线粒体等如今动植物细胞重要的细胞器，起源于古老的内共生系统，被原核生物（也可能是真核生物）吞噬到体内的细菌逐渐演化为线粒体，被吞噬的蓝藻则演化为叶绿体。

从这些方面来看，技术的互相依赖、互相聚合的特性，非但不与生物进化相矛盾，还可以从进化论的视野下得到启发。我们可以反过来理解人与技术的依赖关系。

当我们谈论珊瑚礁有堡礁、环礁、岸礁等形态时，我们是把它当作一个单元，但放大来看，在珊瑚礁内栖息的各类生物也各自构成独立的单元。对具体技术进行分析时，重要的事情并不是非要找到不可再分割的原子单元，而是要去梳理它在各个不同的生态层次上各自占据怎样的位置。一种技术未必需要严格地与一种生物物种相对应，当我们谈论一种技术时，可以包含一系列方法或流程，或一整套构件组成的装置。我们可以拆分开来，独立探究每一细微步骤或细微构件的发展史，也可以把它们放在一起考察。

另外，如果沿着斯蒂格勒的思路，把技术看作人的后天补足，那么把技术器具看作人的外在器官，也许更加贴切。事实上，达尔文本人也是在机器与器官之间建立类比的，马克思也是如此。器官(organ)一词本身(或者中文中的"器"字)就暗示出工具、机构与器官的相似性。

要注意的是，"技术"一词除了指称实体层面上的器械、器物、器具，还有一套特定的方法、功能或程序等无形层面的意义。同样，与器官紧密联系的也有官能、机能等概念，机能不一定由器官承载，但器官总是机能的具体化。所谓把技术类比于器官，严谨地说是在"器具—功能"与"器官—机能"之间建立对照。

"器官"并不要求有独立的生殖能力，它是个体的一部分，承担着特定的机能。器官是动物实现某一机能的工具，而技术器具是人类实现某一功能的手段。生物的器官逐渐分化，比如水母的消化系统和循环系统共处一腔之中，全身体壁细胞都可以呼吸和排泄，高级生物则有了专门的呼吸器官、消化器官、排泄器官等。分化后的器官又可以重新配合，衍生出新的机能。器官的发展模式很容易套用在技术的发展史中，比如最初的石器都差不多，砍木头和削骨头都用差不多一样的工具，之后随着工具的专门化，形态上的变异就更显著起来。

器官的进化也能解释功能的不断多样化，全新的机能可能从适应的扩展（exaptation）中涌现出来。例如，鸟类的羽毛最初可能是作为保暖的器官演化的，最后却逐渐衍生出前所未有的滑翔或飞行的功能。技术史的演化也是类似，新的功能往往在不经意间衍生。

器官越是分化，生物整体的统一性反而越强。蚯蚓的身体中没多少复杂的器官，因此切成两段都可能变成两个个体，但如果身体的每一部分都分化为不同的器官，那么无论切掉哪一部分都会破坏身体的统一性。这就解释了现代技术一方面日趋分化，一方面又日趋整合一体的趋势。

共生也好，器官也好，越是高度发展，具体的官能越是特异化，不同部分之间的依赖关系就越紧密。但紧密共生的结果是，一旦共生环境发生剧变，一些特异化发展的物种可能会突然丧失生存能力。

例如，珊瑚礁和热带雨林都是生物多样性高度集中的区域，但也最容易受到全球变暖等因素的影响，一小块雨林生态系统的瓦解就可能造成成千上万个独特物种的灭绝。

在剧烈的技术革命前后，旧技术可能成批量地失去立足之地。例如，工业革命让传统手工业者的熟练技艺失去竞争力，手工业者大量失业。在人工智能技术逐渐发达之后，旧技术也必然要经历全面重整。除了宏观的大变革之外，在各个具体领域内发生的技术革新也都会重新塑造旧的共生关系。

在生物世界，生态变迁意味着物种灭绝，而在人类世界，新技术可能带来大量失业等社会问题，也可能引起相关文化特色和生活方式的灭绝问题，稍后我们还会回到这个问题。

第 28 章
环境与生态位

第 5 条"自然选择"才是达尔文进化论的核心，也是最易遭人误解的一点。前面提到，所谓"适者生存"，适应的对象是"环境"，而环境是相对的、动态的。狼是兔子的环境，兔子也是狼的环境。"自然选择"中的"自然"是一种基本原则，而不是某个固定的实体，并不是某个原本叫作上帝，现在又被叫作"自然"的至高无上的存在者在进行选择，而是被所有参与者不断改造着的环境在进行"选择"。

环境不仅是相对的，还是层层嵌套的，例如，对十一只兔子来说，兔子种群内部的其他竞争者，构成了一层生存环境，而整个种群所面对的草原和狼群，又是一层环境。兔子与狼群一道所在的地理区域或气候带，也是环境。"自然选择"在每一层环境中都起作用，但在具体剖析其作用机制时，就有必要区分不同意义或不同尺度上的"环境"了。

确定了某一具体的边界之后，我们又可以区分出内、外两重环境。比如说，对于人体内的细胞、器官或组织而言，它们一方面是整个机体的一部分，与其他器官共享或争夺机体的养分；另一方面，可能是机体与外界打交道的中介，机体借助器官在外界发挥各自生存的能力。

就种群中的个体而言，它们一方面是整个种群的一部分，与其他个体争夺食物和交配权；另一方面，也和其他个体一道，在外部环境中挣扎求生。

我们可以把某一人类文化群体或者说某个"文明"看作是一个生物机体，而把各类技术器物看作是它的"器官"；也可以把某一人类群体看作一个小型生态系统，而把技术看作在其中共生的个别物种。那么对于技术而言，其"环境"也有相应的内—外双重性：一方面是包括发明家、消费者等无数个体，以及各种其他技术在内的文明的内部环境；另一方面是该群体或文明之外的东西，如自然界和其他文明。

当我们从外在环境的层面考虑"选择"时，进化论事实上并不排除在内在环境中发生的"有意识"的选择。比如说，一只孔雀在两个求偶者之间选择了尾巴更华丽的那只，它的选择是发自主动的意志的。更强壮的猴子被选为首领，屁股更大的女人被选为配偶，这些在种群内部发生的有意识的选择，从一开始就没有被进化论否决。关键在于，内在环境中的所有选择，最终还要经受种群外部环境的选择。发自个体的选择意向如果不利于种群整体在外部环境中的生存，那么最终还是要被淘汰的。在这个意义上，人对于技术的认可和选择，与猴子对首领的认可和选择并无二致，种群内部是否存在有意识的主动行为，并不妨碍在外在环境层面自然选择的效力。

一只猴子有意识地选择配偶这件事情并不能否决"自然选择"的盲目性，同样，发明家和消费者有意识地选择技术的行为，并不能说明技术发展不适用进化论。相反，进化论的视野启发我们注意到技术竞争的多重层面。

只有在同一层面下发生的竞争，才是非此即彼或你死我活的。配偶是有限的、猴王是有限的，只有在限定的层面上谈论，才有"优胜劣汰"的现象。狼和兔子在同一生态圈占据不同的位置，虽有捕食关系但实质上是可以共同繁荣的，灭绝兔子对狼并无好处。

在生物学上有"生态位"（ecological niche）这一概念，只有占据相似生态位的生物，才构成"一山不容二虎"式的竞争关系。比如说，有甲、乙两个物种，凡是甲能吃的东西乙都能吃，反之亦然，凡是甲能待的地方乙都能待，反之亦然。那么这两个物种就不太可能长期共存于同一片区域内。因为一方更能繁衍就势必会挤占另一方的生存空间。

古代技术的更迭也是如此，某种技术的"优胜"总是要在相应环境下考虑。比如我们知道，在400毫米降水线以南，食物生产的技术方面，农业比游牧优胜，但在400毫米降水线以北，农耕者并没有胜过游牧者。至于在沙漠和雨林等极端环境中，更古老的采集-狩猎的生活方式反而更加适应。

汽车比马车快捷吗？这也是相对而言的，在一个有供应草料的驿站但没有加油站，有马车夫而没有4S维修店，有土路而没有柏油路的环境下，汽车并不会比马车快捷。许多革命性的新技术并不是在同一个生态环境下与旧技术发起竞争，而是呼唤出新的环境，通过新环境的扩张而占据主流。与其说恐龙是被哺乳动物取代的，不如说是被子植物崛起的新环境取代了适宜恐龙生存的旧环境。苹果手机在通话和续航方面并没有胜过诺基亚，但通过塑造出全新的手机应用场景而胜出。

在这些情况下，旧技术未必会彻底灭绝，也是只有在"生态位"重合的情况下才会被淘汰。如果凡是能用旧技术的场景都能用新技术，那么旧技术就难以生存，例如，印刷书淘汰了手抄书，有声电影淘汰了无声电影。但动画没有淘汰漫画，电视没有淘汰广播，这是因为旧技术还能栖身于尚未被新技术覆盖的环境下。比如，在同时能看电视和听广播的场合中电视胜过了广播，但在那些能听广播但未必能看电视的地方（比如汽车内），广播还留有一定的生存空间。

第29章
自然保护区与技术保护区

物种或技术总是在相应的"环境"下被选择，而人类的文化和生活方式也是技术"环境"的一部分。人类依据文化、理念或审美来选择技术，技术反过来又塑造和改变着人类的文化环境。

文化环境的多样化也造成技术发展的多样化，前面已经提到过火药、指南针等技术在中西方文化的不同境遇。下面我再举一个不同审美文化导致不同技术路线的例子。

你喜欢玉石还是宝石？喜欢温润的羊脂白玉还是澄净透明的水晶？

这是一个见仁见智的审美问题，但东西方文化从一开始就表现出各自的偏好，中国从良渚文化、龙山文化、红山文化等新石器时代文化开始，就表现出对玉石的偏好，而西方人从古希腊、古罗马时代，就特别钟爱宝石和水晶。至今西方人仍然不太能理解中国的玉文化，唯一能接受的玉石是最接近宝石的硬玉翡翠，而对于中国人最欣赏的羊脂白玉并不感兴趣。

但青菜萝卜各有所爱，这种审美偏好对技术史有何影响呢？

图5.8　玉石石料

图5.9　各种宝石（钻石、蓝宝石、
红宝石、祖母绿、紫水晶）

图5.10　天然水晶石

麦克法兰[1]认为影响甚大，这种分歧导致了玻璃技术在罗马的繁

---

[1]　麦克法兰：《玻璃的世界》，管可秾译，商务印书馆，2003年。

荣，而中国则专注于发展瓷器。

在春秋战国时期，来自西亚的玻璃技术传入中国，在中国形成了独特的玻璃工艺(也有可能独立发明)。但从一开始，中国的玻璃制品就有了自己的特色，从材质上说，含钡量高，铅钡玻璃的特点是折射率更高，透明度差。而在用途上，主要是做仿玉器，例如战国时期有许多玻璃璧，和玉璧相仿。

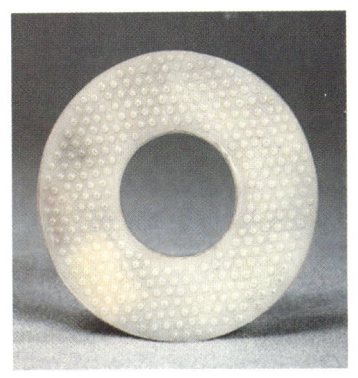 

图5.11　谷纹玻璃璧（战国）　　　　图5.12　龙纹玉璧（西汉）

但玻璃技术并没有在中国进一步发展，虽未必失传，仍有零星发展，但始终是默默无闻。这是因为中国人找到了更好的材料，既像玉器那样润泽，又可以做成装饰品或日常容器。那就是瓷器。

而在罗马，玻璃技术得到了长足的发展，吹制法的发明使得玻璃器具日益透明化，麦克法兰认为，透明玻璃和罗马人的酒文化相得益彰，罗马人爱喝葡萄酒，而玻璃容器最适合突显葡萄酒的魅力。

图5.13 清代白玉观音

图5.14 清代瓷观音（德化窑童子
观音像/广东省博物馆）

图5.15 施派尔出土的公元325年古罗马人未开封的葡萄酒瓶，一个玻璃瓶内
还留有半瓶液体

古罗马百科全书家老普林尼说道："最高价值的玻璃是无色
和透明的，尽可能接近水晶。"（《自然史》36，192）可见，罗马人

　　　　　　　　　　　第五部分 技术与进化

的确因为欣赏水晶，而偏爱玻璃。玻璃制品在罗马人的生活中普遍存在，替代了许多陶器的使用场景，瓶子、罐子、杯子和装饰品等都用玻璃制造。

中国成为瓷器之国，而西方人则延续罗马人的玻璃技术，最后由威尼斯人发扬光大。从此时开始，玻璃除了装饰和作容器之外出现了全新的用途，包括透镜、棱镜、放大镜、望远镜，以及方便化学和气体科学研究的透明试管、集气瓶、真空泵，以及电学中的玻璃球（静电发生器）、玻璃罐（莱顿瓶）等。光学、电学、化学、天文学、生物学等，玻璃几乎在科学革命的每一个领域都扮演了不可或缺的角色，如果没有玻璃，很难想象这些科学研究要如何运作。麦克法兰甚至用玻璃之有无，解释了李约瑟问题——为什么科学革命不在中国发生。这个结论当然是有些太牵强了，但的确可以看到玻璃技术对科学革命的推动作用。

然而，当年古罗马人促进玻璃技术的发展，显然并不是目光长远，看到了玻璃在1000多年后的潜力。同样，唐宋的中国人也想不到瓷器的流行会让他们错失什么。

而在玻璃的潜在用途尚未展现出来时，玻璃与陶瓷占据了相似的"生态位"，那就是装饰品和容器，凡是能用玻璃的地方基本也能用陶瓷，反之亦然。于是，进化的趋势导致其中一种势必要被另一种压制。着力发展其中一种技术，势必就要压抑另一种技术的发展。

好在文化的多样性维护了技术的可能性，这个世界上既有中国，也有罗马，两种文化圈的相对独立，保证了两种技术路径都有机会得到充分发展，各自的潜能在各自的文化中体现出来。

在今天，我们面临新的文化环境，一是全球化的大趋势，二是急功近利的工具理性。在这种境况下，相互独立的文化圈被打通了，全世界似乎只有一种文化，而一种新技术如果效率优异，就会被迅速推广，进入全球人的生活。

技术时代日新月异，新技术层出不穷，旧技术迅速淘汰。但因为文化多样性的丧失和功利逻辑的盛行，那些被淘汰的技术未必有机会充分展开其发展潜力，不要说像玻璃技术那样发展了1000年才显露出来的潜力，现代世界中许多技术哪怕是几十年都等不起。

人们关注技术立即展现的力量，但需要长时间发展才会展露的可能性（无论好的或坏的）被忽视，若干年后可能发展出无限潜力的技术可能在头两年就被扼杀，而若干年后才暴露出无限危害的技术也有可能大行其道，等到这些潜在可能性爆发时，"回头路"或许已经灭绝了。

戴蒙德在《崩溃》^①一书中讲述了许多个地方性文化因生态破坏而覆灭的故事，例如复活节岛，其建造石像的技术需要砍伐滚木来搬运石像，这种技术的副作用在短期内并不显著，但等到他们有机会发现因过度砍伐造成森林退化，导致岛上生态崩溃时，

---

① 戴蒙德：《崩溃——社会如何选择成败兴亡》，江滢译，上海译文出版社，2008年。

灿烂的文化早已崩溃。

而在全球化的时代，全人类形成了一个"文化孤岛"。复活节岛的文化崩溃了，其他地域的文化还能继续发展，但"地球岛"一旦崩溃，人类就无处容身了。现代技术越来越强大的力量和越来越全面的渗透，使得"试错"的余地越来越小。

生物进化的视角也可能给我们启发，比如说，人类是否需要有意识地保护自然环境？一些人认为优胜劣汰是理所当然的，物种灭绝是因为它们不适应而已，没必要去拯救。但是，濒危物种们所不适应的"环境"，已经是在人类有意识行为的影响下，被现代技术改造后的结果，人类已经通过有意识的行为大大加速了物种灭绝，那么再通过有意识的行为去平衡这一趋势，这也是合理的选择——如果加速灭绝不违背进化论，那么减少灭绝当然也不违背进化论。

关键在于，人类有意识地保护物种多样性，最终还是为了给自己营造更好的生存环境。进化论的意义并不是为人类加速或减速物种灭绝的行为辩护，而是帮助我们理解怎样的生态环境更适宜做人类的未来家园。无论如何，至少在一定区域和一定程度内尽可能保存生态系统的多样性，是有益的。

我不想对生态保护多做辩护，这不是本书的论题，我们暂且假定"自然保护区"之类的举措是有意义的，那么，对技术领域，这种"生态保护"策略能否借鉴呢？

在现代技术高歌猛进的同时，自然界的多样性和人文世界的多样性同时遭到破坏，传统文化被连根拔起，全球化和普世化的现代科技也扼杀着文化的地方性。在一家填满工业化商品的超市中你根本区分不出是身在上海还是北京，任何一种成功的商品或模式，会在资本的助力下迅速占领全国乃至全球市场。

也许，我们也需要至少在一些局部区域，建设文化保护区或技术保护区，有意识地维护与主流保持距离的多样性。

保护区的主旨在于划定边界，一方面不让弱势的技术或生活方式直接与主流科技交锋；另一方面也抵御强势科技对濒危者的过度猎杀。但这边界并非密不透风，通过演绎和杂交，我们试图激发过时或濒危技术中那些尚未被充分展开的可能性，也让我们能够在应对下一次环境剧变时有更多的底气。

例如，一些更原始的作物，如野生水稻，与特定水稻杂交之后可能延伸更高产的水稻，又比如说，一些因为产量不高而被边缘化的作物（比如紫薯），放到一个新的市场环境中（比如更注重健康或口感，而不是只注重填肚子）可能会重新受到欢迎。许多物种尽管现在处于劣势，但至少保留一定的区域让它们继续繁衍进化，或许未来会有意想不到的好处。

当然，即便没有那么直接的贡献，最起码来说，适当维护一些"保护区"，至少能够提供猎奇探险、野营度假的园地吧。当我们从亲切而陌生的"旧环境"中回归单调而熟悉的现代世界时，我们也可以更清醒地注意到现代世界中那些让人珍惜、让人依赖、让人厌烦或让人警惕的东西，我们平时对它们见怪不怪，但短暂地离开它们再回来看时，很可能就激发起我们的关注和反思。

　　当然，我这里只是提出一个粗略的倡议，关于具体如何建立"保护区"，美国的阿米什也许做出了一种尝试，在中国，张祥龙先生提出的"儒家文化保护区"的理念，也值得认真对待。在某种意义上，中国互联网的半隔离状态，结果上也造成了对促进技术多样性的某种保护。当然这些模式将要面临的共同问题就是如何保护文化独特性的同时保障人的自由和权利，这是很复杂和艰巨的问题，在这里不再深入研究了。

第六部分

技术与未来

第30章
短命的冒险者还是长寿的植物人？

读到现在，也许一些读者会把我归入技术悲观主义和文化保守主义了。的确，我对单向度的工具理性进行批判，对现代技术的危险性进行揭示，这很像是敌技术的浪漫派。不过，我主张的无非是一种"反思技术"的态度，而不是"反对技术"。我一开始就认同技术与人互相发明、互相构成，人类根本不可能一概而论地反对技术。但我们需要理解技术，就需要探究技术的历史、追溯其来龙去脉，这种态度当然应该是以批评、反省为主。所谓以史为鉴，我们希望从历史中得到的不是沾沾自喜的歌功颂德，而是教训和理解。

如果放眼未来，我显然就是一个技术的拥护者，我之前提到的看似保守的"保护"策略，其实在根本上还是要促进技术的发展。我希望技术日益丰富，整个技术环境日益壮大。

成天对自己的过去津津乐道的人，往往恰恰是不思进取的人，而对于自己的过往有更多反思、更多警醒、更多批判的人，反而可能是最善于积极进取的人。清醒地揭示危险和困境，并不代表消极悲观，相反，这恰恰是冒险家的品质。

有人认为，现代技术的力量不断膨胀，以至于危险也日益高悬，必将加速人类的灭亡。我同意这一点，更大的力量一定伴随着更大的危险。

但我不同意的是，因为现代技术带来更大的危险，我们就不得不拒绝它，回到古代田园牧歌的生活方式。一方面，我们做不到，技术的发展造成的整体人文与自然环境的剧变是不可逆的；另一方面，原始的生活方式并不值得向往。

关键在于，什么样的生活更精彩？是做一个井底之蛙，在安全的地方庸碌一生，无知是福，还是勇敢地、冒着风险地到大江大海中畅游呢？

就好比一个人，啥都不做，成天躺在床上，只知道吃吃喝喝简单地维持生命，这样可能寿命长一点；另一个人有梦想有追求，不满足于停留于家里吃吃睡睡，而是出门探险、工作，成就一番事业，也许寿命短一点，甚至多出一些猝死的可能，还可能惹了一些伤病困扰。你可以说选择哪种生活各有道理，但你要说混吃等死是老祖宗的智慧，冒险开拓是愚蠢作死，那我是不同意的。

科技发展的确就是一种"作死"之道，但"死"又有什么了不起的呢？地球要灭亡，太阳要灭亡，宇宙也要灭亡，难道古代人一直田园牧歌下去就能不灭亡了吗？无非早点晚点罢了。再怎么认为好死不如赖活着，也拦不住赖活着的人终是要死的。既然总是要死，我们为何不多探索一下这个神奇的世界呢？我们为何不努力让流星的光芒更闪耀一些呢？

对于一个人而言是如此，对于人类而言也是如此，活着是为了追寻意义，而不是说活着本身就是唯一的意义。

而且，技术是人的延伸，是人身体腐朽之后仍能存留于世的东西。技术的不断发展，丰富了人类的记忆，延续了人类的历史。

比如说，让你增加一百年寿命，但是你只有一天的记忆，每天都浑浑噩噩地从零开始，你愿意吗？原始人没什么私欲，但也就没什么创造，没什么变革，于是就没什么历史，没什么记忆。旧石器时代延续了几百万年，显然是可持续发展的生活方式，但旧石器时代的部落大概也只有一代人的记忆和模模糊糊的传说，就像一个每天失忆的人那样，每代都"失忆"的旧石器时代并不值得向往。

一旦人类拥有了"历史"，也就是技术拥有了"记忆"，它的发展就会层层累积，不断丰富。现代人在一天之内能够获得的新知识，比得上原始人几百万年的积累。

因此在我看来现代文明再怎么误入歧途，再怎么值得批判，它也比原始文明有趣得多，哪怕明年人类就毁于核战争，那也比地球上永远只有原始部落一直到太阳系毁灭来得精彩。这根本是不可比较的事情。

归根结底人类追求的究竟是什么？是流芳百世的不朽记忆，还是流星般闪耀的当下？是认识世界，还是改造世界？无论追求的是什么，只要是跳出自己的动物生命向外延伸，就总需要通过技术。

人在体味到生活的艰辛和世界的危险后，可能时常梦想回到童年，回到母亲温暖而安全的怀抱，就像现代人时常怀念起过去时代的生活方式那样，偶尔怀想一番，也是有益的。但并不能说真的要退回过去。人的成长和技术的进步一样，是一种无可逃避的"命运"，至少是我们这个时代的现实。

当然，"冒险"更多地是西方海洋性文明的特质，在中国古代，讲究的是光宗耀祖和流芳百世，简言之，更侧重于时间维度的承续而不是空间维度的开拓。所谓"人生自古谁无死，留取丹心照汗青"，古代中国人也不怕死亡，但寄希望于"汗青"（记录技术）中延续自己的事迹。

古今东西对待技术有着不同的倾向和态度。我们可能从古老文明中吸取智慧，以促进技术的多样化发展，或许可能对西方技术的殖民主义倾向有所平衡。但无论如何，有所作为、有所追求的人类总要适应技术的命运。

当然，不畏死亡并不代表盲目求死，同样是开拓进取，我们是选择不留后路的莽冲还是步步为营的探索，明智的冒险者并不是不顾一切的狂徒。这就是为什么我们不能仅仅只看未来，而需要"瞻前顾后"、步步为营，需要追思历史、反省现实。

第 31 章
精卫还是弄潮儿？

批判现代技术而不给出"解决方案"的人经常被归为"悲观论者"，我们在第四部分已经谈到，这种对"可操作性"和"全盘控制"的要求，恰恰是现代技术值得批判的问题本身，现代技术构成的历史性境遇，就好比无情的大自然一样，构成了技术时代的人类命运。无论是欢迎还是仇视，我们都不该指望去操纵它或消灭它。

面对技术时代的滔滔大势，有些人因为自己珍视的东西被破坏而想要报复，这就好像精卫那样，溺死之后化作小鸟，固执而徒劳地衔着石头投入海洋，想要填平它。当然，这也是一种可歌可泣的精神，就像是在崖山死斗的宋人那样，固守着尊严和荣耀，明知不可为而为之，坚持抵抗到最后一刻。

我能欣赏这种固执的精神，但更推荐下面这种态度，那就是做时代的"弄潮儿"。

什么叫"弄潮儿"呢？并不是说这滔滔潮水是他弄出来的，而是说在潮流面前既顺应大势，又自由周旋的玩耍者。

弄潮儿，或者说冲浪者，能够在风口浪尖自得其乐。他并不

图6.1　冲浪者

是要违逆潮流，如果违逆潮流必定死无葬身之地。但他也不是简单地随波逐流，人云亦云，被时代裹挟。

这种既不逆流，也不随大流的活动，是最精彩的。只有在顺势与自由、服从与叛逆之间维持平衡，才能够在时代的浪尖自由遨游。

在技术时代，最配得上时代弄潮儿之称的，大概是"企业家"们。

企业家(entrepreneur)一词最初出现的时候，就带有浓厚的殖民主义背景，特别指那些前往海外的远征者；后来，企业家的活跃又伴随着资本主义的兴起，因而又容易与"资本家"混淆。现在，我们如果要鼓吹企业家精神，当然要吸取历史的教训，剔除殖民主义的征服、掠夺的意味，但保留航海时代星辰大海的胸怀和勇于开拓的冒险精神；剔除资本家的唯利是图和剥削压榨，但继承资本时代公平竞争、尊重契约的精神。

那么，企业家究竟要冒什么险呢？换言之，企业家究竟是做什么的呢？

用时髦的话说，企业家做的，无非是"创业"，而成功的企业家则要"创新"。

什么是"创新"呢？这个词最著名的定义来自经济学家熊彼特，熊彼特认为，企业家所从事的事情，叫作"创造性破坏"。"创新创业"意味着"破坏"，"破坏"什么？是对"平衡"的破坏，企业家就是社会中那些努力打破平衡的人，就是"不稳定份子"。

举个简单的例子：一个村子里有张三、李四两户人家，张三养鸡，李四捕鱼。每个月张三卖给李四一只鸡，换回一条鱼，大家都很满意，这种平衡的状态如果永远维持下去，这个小社会也永远没什么变化，他们的生活并不贫乏，但也不再丰富。

但如果张三是一个企业家，积极创新，精益求精，不断改进养鸡技术，结果他每个月可以多产出两只鸡、三只鸡……那将如何呢？他除了卖一只鸡换回一条鱼之外，由于创新而多出来的鸡卖给谁呢？

很显然，如果李四还维持旧的产量，却要求张三用两只鸡、三只鸡去换李四的那一条鱼，显然是不公平的。如果张三的创新对自己毫无好处，反而总是安于现状的李四享受创新的全部红利，这种社会很难持续发展。那么如果张三想用自己多生产的鸡换取更多的收益，那就不得不开辟新的销路，建立新的社会关系。比如，他可以要求李四提供更多的鱼，在李四无法满足的情况下，就可能要去找养猪的王五换猪肉。

但王五的猪肉原本可能是与马六的牛肉互相交换的，张三的介入势必要打破某些固有的定式和秩序，或许整个市场的贸易结构都将发生颠覆。西方的"工业革命"就肇始于纺织业的技术创新导致的纺织品产量剧增，这一变化像推动多米诺骨牌那样迅速传导，在所有产业中引发变革，也从此颠覆了东西方贸易的平衡关系。

企业家的使命正是打破"供需平衡"，颠覆固有的市场结构。

企业家不同于一般的"生意人"（businessman），企业家是要给社会带来新东西的。比如说，王五在张三和李四之间帮忙跑腿，帮张三卖鸡，自己留一块鸡屁股，帮李四卖鱼，自己留一条鱼尾巴，那么王五就是一个"生意人"，而不是企业家，他能够让市场交易更加快捷活跃，但并没有为整个市场创造新的事物。

因此，企业家是从"物质基础"，从"生产力"出发的"革命者"。当然，这不是说企业家所着眼的只有生产和供应这一端，在创造出新的产品之后，更需要创造性地开拓出新的市场，激发出新的需求。

企业家是自私的，同时也必然是利他的：自私在于，他们要从自己的创新中获取红利，而不情愿让懒惰的人无偿享用自己的贡献；而利他在于，他们势必要去激励市场中的其他参与者共同进步，才能够真正享受到创新的好处。例如，张三改进养鸡技术之后，自然就会期盼李四也改进捕鱼技术，这样他才能赢得更丰富的生活，而不只是吃鸡吃到腻。如果市场中的其他参与者都停留于茹毛饮血，那么我卖再多毛衣给他们，换来的也只能是最原始的产品。只有整个社会的共同繁荣，才是真正符合企业家"私利"的事情。当然，这私利不该局限于单纯货币的增值，而应该追求生活丰富性的增值。每个人都追求自己的生活更丰富多彩，整个社会也就更可能朝丰富多元发展。

第 32 章
技术自主与人类选择

　　创新者需要顺应潮流，但他的创造将会加入大势之中，在一定程度上改变未来的潮流。创新不完全是为了赚钱，同时也是让这个世界变得更好、更丰富、更繁荣。如果企业家或创新者们对技术与人类有着更多思考和理解，那么由人们共同创造的未来也许或多或少会被改变，毕竟再大的浪潮也是由朵朵浪花汇聚而成的。

　　一些思想家把现代技术视作一个整体，各门各类的技术受着同样的逻辑的支配，例如，埃吕尔说过，整个技术体系"在一个封闭的循环内是自我决定的，像自然一样，它是一个封闭组织，这允许它独立于所有的人类干预而自我决定。"①

　　但前文我已经提示了，技术环境犹如自然环境那样起支配作用，但也和自然环境那样，是相对的、嵌套的、可塑的。生物的长期活动能改变生态环境，人类的活动当然也可能改变技术环

---

① 吴国盛编：《技术哲学经典读本》，上海交通大学出版社，2008 年，第 120 页。

境，只不过不可能跳出环境之外，以蓝图设计者的立场去控制一切，但人类点点滴滴的选择，都将对总体环境产生影响。

另一些技术哲学家，如芬伯格、温纳等，试图打开铁板一块的技术总体，揭示出个别人或个别群体在具体技术领域的有意识的行为，有可能对新技术环境的塑造产生积极的作用。

不过，他们并没有退回到天真的技术中立论上，反而是进一步演绎了技术自主论。技术中立论认为，技术没有善恶好坏之偏向，刀可以杀人也可以切菜，完全取决于人怎么用。

但问题是，随着技术的发展和分化，用于杀人的刀和用于切菜的刀并不一样，一代一代的设计者和改进者把杀人的意向投射到刀具内，自然就会形成如青龙偃月刀、圆月弯刀、武士刀等偏向于杀人而不是切菜的刀具，反之亦然。

温纳在《人造物有政治吗》一文中，提出了技术自主论的强、弱两种主张，弱版本是说，技术人工物可以承载某些人的价值倾向，而强版本则是说，技术人工物可以独立地内含价值倾向。

温纳举了几个例子，比如为纽约长岛地区设计天桥时，设计师摩斯其实带有某种隐秘意图，他歧视黑人或穷人，因此有意把天桥设计得低矮，让私家车可以在下面通过，而公交车无法通过，因此把穷人拒之门外。也就是说，表面上看起来是一个单纯的工程技术方面的数据——天桥的高度，实质上蕴含了设计者的个人偏见。

对这个例子有一些争议，有学者指出摩斯进行设计时其实并

图6.2　罗伯·摩斯(Robert Moses，1888—1981)

没有这种心思，天桥高度纯属偶然。但这恰好佐证了温纳的进一步推论，那就是说，一旦你承认了弱版本的技术自主论，就势必要承认强版本的技术自主论。

因为从结果上看，无论是有意设计的低矮天桥，还是偶然形成的低矮天桥，都蕴含同样的偏向，就是更方便有私家车的富人，而更不利于乘公交车的穷人。这一价值偏向已经固化于技术人造物的结构之内了，是否能找到最初的"肇事者"，并不会改变技术环境本身内含有偏向这一事实。

技术并非中立，而是在其外在结构中内含着某种倾向：并不是完全平等地有利于所有阶层和所有文化的人群，而总是特别促进某些生活方式或思想观念，进而贬抑另一些。无论这种倾向是有特定的人有意设计的，还是意料之外的，这一现实都提醒我们：应当抛弃朴素的技术中立论，必须认真考察技术的倾向。

但温纳的论述还可以反过来理解：当我们接受了强版本时，势必也可以反过来接受弱版本——也就是说，个别人的有意识的选择，的确会或多或少地改变技术环境的固有倾向。温纳指出："我们可能以为新的技术都是为了获得更高的效率而被引进的，然而技术史的研究显示，事实并非如此。"①

心怀恶意的设计者有可能改变技术史，心怀善意的人当然也有可能有所作为。实际情况并不是非黑即白那么简单，芬伯格也认为，每一种技术都是由不同身份和阶层的人，怀着不同的理想和需求，共同参与、互相博弈而逐渐定型的。例如，自行车（图6.3）一开始被认定为男性气质的竞速工具，最后变成男女皆宜的通勤工具，这其中是设计者、商人、运动员、男性和女性用户等不同立场的参与者共同作用的结果。又例如，互联网一开始定位于军事指挥系统，之后政府、学者、商人、黑客等不同参与者共同建设，才逐渐发展起来，直到今天，互联网究竟是偏重交易还是偏重交流，偏重匿名还是偏重监控，仍然处在不同参与者相互博弈的阶段，尚未尘埃落定。

---

① 吴国盛编：《技术哲学经典读本》，上海交通大学出版社，2008年，第187页。

图6.3 早期自行车的各种样式

　　在时代大势面前人类个体无能为力，但在具体技术问题上，设计者、推销者和消费者、使用者都仍然能够保持自己的立场，能够有所作为、有所选择。

第33章
VR与手机：两种沉迷之争

除了温纳和芬伯格的例子，我自己也来讨论一个时新的案例，这就是移动互联网时代的"沉迷"问题。各种电子设备总能引人沉迷，如果把"沉迷"看成完完全全的坏事，想要抵抗沉迷，在这个时代恐怕就会有深深的无力感。但如果在承认大势的前提下，在电子技术内部寻求不同沉迷的平衡，那就可能有所作为了。[①]想到"沉迷"电子设备，我们马上就想到"低头族"。的确，随时随地低着头玩手机，已经成为当代人的常态，吃饭时要看手机，聊天时要看手机，上下班路上要看手机，上课或工作时也时不时看看手机，起床后和睡觉前的第一件事也是看手机……

沉迷手机似乎是一件坏事，但是究竟坏在何处呢？一个简单的思路就是：你既然沉迷一件事，势必造成忽略了其他事情，比如，家长沉迷手机，就顾不上带孩子；上班时沉迷手机，就会影响

---

① 本节曾以"VR能拯救沉迷于手机的我们吗？"为题发表于新媒体《界面新闻》，见 https://www.jiemian.com/article/2613452.html。

工作；小孩子沉迷手机，就顾不上好好学习……

但"沉迷"某事必然造成忽略其他这一现象，也未必总是坏的。比如，在家长看来，如果孩子沉迷学习，成天埋头写作业，顾不上玩耍，多半会认为是好事儿。又比如说，陈景润埋首数学，顾不上社交，袁隆平埋首田间，顾不上家庭，这些我们都认为是好的，甚至是伟大的行为。

这些"埋首"同样也是沉迷某一件事而忽略其他，为什么埋首科研的人值得歌颂，而低头玩手机的人却受到批判呢？一个简单的思路是，学习、科研之类的活动是有用的，玩手机则纯属浪费时间，所以沉迷好的活动是好事，沉迷坏的活动是坏事。

但某种活动究竟是好是坏，似乎也并没有绝对的标准。从历史上看，许多科学家、艺术家、发明家所从事的工作，在当时都是不受待见的，是异想天开或不务正业的活动，更看不出有什么实际的用处。玩手机还可能有点经济效益，许多在研究、发明方面的活动真的都打了水漂，毫无成果。另外，中小学生埋头学习的那些东西，除了应付高考之外，往往也没什么实际的用处。

可见，功利地从效益来评价哪些事该沉迷哪些事不该沉迷，也是有些武断的。我们不妨放弃好/坏或有用/无用这样单向度的评价方式，重新思考沉迷的不同偏向。

在低头族那里，"手机"是沉迷之媒介而非内容，同样是低头看手机，有人在打手游，有人在追剧，有人在看小说，有人在刷朋友圈……这一现象已经暗示出，就沉迷现象而言，媒介本身或许比内容更值得关注。

关于媒介的不同偏向，媒介思想家英尼斯和麦克卢汉给出过几种衡量维度，这些理论工具也都可以用来分析新时代的技术。例如，英尼斯提示媒介有"时间"和"空间"两种偏向，比如泥板书偏向时间性（长久留存），而莎草纸则偏向空间性（迅速传布）。麦克卢汉从某一技术促进或压抑哪些感官出发进行衡量，比如印刷书是视觉中心的，而口语更偏向听觉和触觉的展开。

被称作媒介环境学的这一派思想家提出一种理解某一技术的独特态度——悬置其内容，关注其形式。例如，我们先不必关心人们是从印刷书里读圣经还是读菜谱，读科学还是读小说，而是关心印刷书这一媒介形式本身带来的特点。

在这种视角下，我们不必在沉迷于读文史书和沉迷于读武侠小说之间分出高下，它们都是与印刷书打交道，相反，看书和看电视之间的不同偏向更值得注意。

麦克卢汉和波斯曼等学者已经提供了一些从形式角度分析媒介的概念，例如，有些媒介更促进"专注"，而另一些媒介则引起"游离"。

例如，电影与电视的区别正在于此，电影是一种专注卷入的媒介，而电视在更多场合是漫不经心的。它们的区别不完全是由清晰度或屏幕大小决定的，而是取决于不同的应用场景。在电影院中，静场关灯，先给你排除一切其他信息，让你专注于电影这一个方向。而电视则经常布置在家中客厅或卧室，周围的环境始终是开放的，所以看电视时不会禁止交流，反而随时会谈论或干脆分心做其他事情。在许多时候，家里的电视甚至成为一种背景音，人们只是边开着它边做其他事情，压根不关注具体的电视节目。

书籍，特别是印刷书，也是要求专注的媒介，特点也是当你读书时，你需要一个安静的环境，排除书本以外的其他信息的侵扰。而口语交流通常是游离的，哪怕你和你特别关注的对象进行聊天，也往往还是要求一个开放的环境，比如一起吃饭，一起散步，一起看月亮数星星，等等。即便在会议之类面对面的专注聊天时，人们也从不只专注于口语本身，而是随时掺入各种"小动作"，让视觉和身体运动加入进来。如果尽量排除一切外物干扰，比如关在小黑屋绑上双手让你们口语聊天，就显得非常压抑了。

麦克卢汉认为，这些被媒介所促进的偏向，不仅局限于相关的使用场景，也影响着我们生活的其他侧面。比如印刷术促进了私人空间的发展，促进了视觉中心主义的兴盛。当我们离开书本看待其他事物时，印刷文化所培育的疏离、冷静、客观的态度仍无时不在影响着我们。

波斯曼认为，电视的兴起是对印刷文化的瓦解，因为电视促使人们放弃"专注"。他在《娱乐至死》中指出，电视强力地培育着"情绪迅速切换"的能力，上一秒还在为一群非洲难民的苦难感到悲伤，下一秒就立刻为一个美国明星的糗事哈哈大笑，再下一秒又开始为下周的天气忧心忡忡……这就是我们看电视新闻的日常状态，我们不再能够静下心来专注于某一个问题去深入挖掘和沉思，而是随时被碎片化的情绪牵引。

智能手机似乎加剧了这种"心不在焉"的状态，关注"焦点"的切换越来越迅速，"刷"是玩手机时最常见的状态，人们虽然始终都盯着手机，但其实不再能够在某一内容上专注很久，而是对任何内容都习惯于飞快地"刷"过去。以至于即便放下手机，在读书、听课等要求专注的活动中，新一代日益失去了"聚精会神"的能力。这也正是许多人为什么视手机为洪水猛兽的原因。

怎样才能在手机的潮流面前略作挣扎呢？许多人寄希望于那些古老的活动，比如出门踏青，比如书本阅读，甚至用传统礼教或经典诵读的方式教育下一代，或者只是通过强令乃至没收的方式迫使青少年远离手机，但我对这些策略不抱希望。这些策略的根本劣势与其说是过时的内容，不如说是过时的形式。本来就是因为手机等新媒体让传统的生活方式全面崩塌，再去扶持这些被推翻的势力无疑是没有希望的。

就好比旧王朝被推翻后，皇室遗孤一时之间可能成为香饽饽，各地军阀都来扶持一些遗孤，好有名义起事。但如果你以为旧王朝的复辟真的有希望，那就过于天真了。

在王朝更迭之时，在技术的时代变迁之时，真正互相竞争的，不是新技术与旧技术，而是不同的新技术，是新技术的多种面相之间互相竞争。旧王朝在新势力面前如摧枯拉朽一般倒塌，这一状况让许多人感到"悲观"，感觉人力渺茫，不可回天。但如果把目光朝向未来，不去指望逆天改命，而是在各种新势力之间仔细分辨，这也许并不是毫无转圜余地的事情。毕竟智能手机并不是唯一的新潮流。

但不幸的是，那些视手机为洪水猛兽的人，往往同时对一切新兴电子媒介都抱有同样的敌意。以至于走错了对抗的方向，徒劳地投身旧王朝复辟的运动。看不到新技术所蕴含的多重可能性，看不到"电子媒介"并不总是铁板一块，"电子游戏"也并不只有一种类型。

或许以智能手机为代表的一系列电子媒介确实非常"危险"，但出路并不是抵制和拒绝，而是平衡和互补，不是退回传统，而是扶持新的制衡者。

比如说，也许 VR 就是与智能手机对峙的一大势力？

我们提到，某一媒介带来的偏向，与其使用场景大有关系。手机的使用场景是碎片化的，见缝插针、随时随地，这就是所谓"移动互联网"的特点；而使用 VR 的典型场景恰好相反。VR 的典型应用场景恰恰是"不移动"，即便你买了轻巧的一体机，也不会带着它在公交车上或办公桌前随时使用，更不可能在等红灯的间隙戴起来看两眼。最典型的应用场景就是自己家里，或者在专门的场地，包括商业的 VR 体验馆或学校中的 VR 教室——类似于现在的网吧和学校的计算机房——也就是说，VR 的使用场景基本上与之前的台式电脑主机重合，而与智能手机的场景大相径庭。

其实，"不移动"的一族——"宅"——也是电子媒介影响下的产物，"御宅族"的历史可比"低头族"更早。但他们的名声也同样不太好，似乎都是不务正业。但如果我们悬置内容有用没用的评判，而关注形式，那么御宅族与低头族之间的差异，也许比御宅族与科研狂人之间的差异更大。

同样是沉迷，御宅族和科研狂的沉迷更偏向于沉浸、专注，而低头族和电视迷的沉迷或许更偏向于迷失、游离。

数学世界、文学世界，以及VR技术下的电子虚拟世界，能够让人沉浸于某一个在内部蕴含着丰富而自足的意义结构的独立王国，对这一世界，浮皮潦草地掠过是体验不到多少趣味的，必须专注、深入，才能游刃有余。但电视或手机与其说是引诱人深入沉浸，不如说是诱使人"不沉浸"，让人不断地掠过并离开一个又一个意义结构，鼓励肤浅化的即兴参与，而不是全神贯注地投入某一个相对稳定的意义空间之中。碎片化的倾向与御宅精神背道而驰。

当然，VR技术和手机、电视一样，都并非铁板一块，我把它们分别当作整体来比较，是比较粗糙的。但至少从大体趋向来说，"沉浸"无疑是VR的关键词。但它又与书籍、电影乃至天文学、物理学等传统的沉浸领域不同，VR的沉浸方式不是排除其他感官独尊视觉，而是试图把人的全部感官都吸入一个自给自足的意义世界之内。这种媒介的独特意义，仍有待我们去观察、揭示。

过度的专注或过度的游离都是精神失常，我们并不期望任何一种偏向完全压倒另一种，但我们可以期待未来更加多元化，各种不同的偏向相互平衡。

第34章
技术有智慧吗？

谈到技术的自主，除了天桥或手机之外，我们立刻想到的，可能是正在来临的人工智能技术。人工智能的"自主性"恐怕不再仅仅体现为某种独立的价值倾向，而是某种独立的行为能力了。

我个人对于人工智能技术的发展前景持有相对乐观的态度，但我也无意于提出任何预言，人工智能是否能够实现以及何时以何种方式实现，这是技术专家们的问题，而哲学家的问题的恰当提法是：人工智能意味着什么？

讨论人工智能的意义，并不必须设定人工智能注定能实现。这就好比我们可以讨论上帝和天国的意义，讨论乌托邦和共产主义的意义，而并不必定要相信它们。

"人工智能为什么让人害怕"是一个不错的问题，当然有许多人根本不害怕，其中一部分人是因为坚信强人工智能不可能实现；另一部分人则相信人工智能的发展只会造福人类，没有什么可怕的。

这两种态度都有些天真。首先，人工智能技术不断发展的趋势几乎已经成为必然，也许像"天网"那样最终反客为主、统治人类的局面不会成为现实，但在更多的情况下，人工智能的"实现"是一个进行时，而不是一个完成时，人工智能已然正在不断实现之中了；其次，即便你相信人工智能的结果一定会是造福人类的，也不代表它不可怕，我们可以说火器的发展是好事，但不代表你不应该害怕火枪，你可以说原子能总体上是造福人类的，但不代表你不必害怕原子弹和核泄漏。乐观是一回事，无知是另一回事。无知者才能无畏，新技术也许是能够造福人类，但前提是人类能够理解和承受其危险，对其可怕之处避而不谈，甚至把一切流露出警惕态度的人斥为愚昧，这才是更大的愚昧。前文已经说到了，不能因为人工智能技术的发展是大势所趋，就放弃了警醒和反思。

顾名思义，人工智能牵涉的核心概念是"人工"与"智能"，而这两个概念恰恰关乎人的自我理解。

我们一般会认为，人类之所以在万物中独领风骚，无外乎"心灵手巧"，即大脑和双手。脑与手在许多情况下是统一的，人类凭借智慧的大脑去理解万物，然后用灵巧的双手去控制和改造万物。特别是在科学与技术互相推动的现代，科技的膨胀同时也让人的自信心和优越感大大膨胀了，人们仿佛觉得自己可以改天换地、无所不能。

但智慧与力量在人工智能这里出现了"矛盾"——智慧的人类能否用自己的双手创造出超越自己的智慧？这个问题几乎是一种亵渎，就好比在问：全能的上帝能否创造出凌驾于自己的存在？

"创造出凌驾于自己的存在"，这恰恰是人类技术史最初和最终的追求。技术是人的"延伸"，任何技术都是对人的某种能力的外化、固化和强化。

锤子是拳头的延伸，用锤子砸东西当然比用拳头砸更有力，这并没有什么奇怪的，或者说这正是所谓"技术"的应有之义。当然，技术的发达反过来会让我们的身体机能退化或贬低，例如兵器越发展，肉搏的能力就越退化，靠蛮力肉搏要么被贬低为野蛮落后，要么变成艺术或游戏，而不再实用。

技术的这种外化和固化的特征呈现出某种矛盾——一方面技术的发展无疑是增强和扩展了人类的能力；但另一方面，由于这种增强往往由外在于人体的技术器物所承载，那么一旦剥夺了人类对这些"外物"的依赖，也可以说技术的发展是削弱和贬抑了人类的能力。

那么技术之于人类，究竟是增强还是削弱，是膨胀还是贬抑呢？柏拉图在讨论"书写损害记忆"的时候，这个难题就已经摆在了哲学家面前，直到今天，这个问题反而日益尖锐了。

文字、兵器之类，这些古老的技术就已然有了一定的独立性，也就是说，它们除了被人支配之外，还有某种"不以人的意志为转移"的惯性。所以秦始皇会去焚书坑儒，会去收缴天下兵器铸造铜人。因为这些书籍和兵器只要流传于世，就具有某种力量。虽然这些力量最终总要通过具体的操作者的意志才能发挥出来，然而这些操作者的意志在某种意义上也正是由这些技术物所促成的。

当然，这些古代技术的"独立性"并不显著，因为它们毕竟还需要人去操控，否则就是一堆死物。当然技术物的力量未必需要在活动时才能发挥，比如城墙、建筑、墓碑等，它们只是放在那里不动就在导引乃至支配着人类的行为和观念，躺在地窖里的原子弹更是左右着全球的秩序。但是毕竟在一般人眼里，这些器物相对于人类而言始终是"被动"的。

从什么时候开始技术器物获得了一定的"主动性"呢？最具标志性的就是机械技术的发展。从较早的水车、风车等，到中世纪晚期的机械钟，一直到蒸汽机、纺织机和工厂流水线。这些机械的新特点是，除了上发条、添加原料或能源等环节之外，机械在正常运作的过程中是相对独立的，它们脱离于人，按照自己的节奏自行运转。

在纺织机和流水线上，人类的参与仍是一个必要的环节，但在这些机械活动中，人类所扮演的不是操作者，而是动力源（马克思所谓工业革命的关键）。在工厂流水线之类的大型机械联动运转的流程下，人类所扮演的并不是充满智慧的创造者，而是比机器更机器，像牲畜一样出卖劳力，像机械一样单调重复，也正是从这个时候开始，对技术的恐惧和抵触态度日益显著了起来。

启蒙思想家提出了"人是机器"的主张，这一主张合理还是不合理姑且不论，但这一主张的提出首先暗示了这一实情——"机器像人"。人们未必是因为对于人体结构的细致分析而得到人是机器的信念，相反，人们更多地是基于对机器的经验，从机器中发现了人的形象，这才得到了人是机器的结论。机械不再是一堆死物，技术逐渐"活"了起来。

从动物到人类的智能经历了漫长的演化，然而技术物从自动机械到人工智能的发展似乎非常迅速，这是因为技术的演化不只是通过盲目的"自然选择"，更是从一开始就不断灌注着人类的智慧。

每一项技术物在外化或延伸了某一项人体技能的同时，也固化或者说凝聚了某一套人类的智慧。比如一把简单的锤子，它的构造不仅能够放大人的力量，也蕴含了如何把握、控制，如何发力等一系列智慧，以及牵涉关于钉子和修缮活动等方面的智慧，还包括关于铁和木头等材质之特性的智慧……人们把方方面面的智慧"打包封装"在每一个技术器物之内。

当技术运作起来的时候，既是力量的展现，同时也是智慧的展现。但技术展现的是谁的力量，又是谁的智慧呢？

人们似乎更容易接受："力量"是归功于技术本身的。比如一个瘦弱的女孩可以用散弹枪打死一个强壮的摔跤手，我们会感叹散弹枪的威力强大，而不会说这个女孩本人力量很大。然而当我们谈到"智慧"时，却总是拒绝把它归功于技术器物。

一个随时可以查阅印刷书的人可以表现得比一个孤立无援的老学究更加博学，我们会认为他借助了别人的智慧。我们仍然拒绝认为印刷书本身是有智慧的，而只是说其他人可以通过印刷书传递智慧。

一件器物中汇聚和凝结的往往不只是一个人的智慧，比如对于一架钢琴，工匠懂得如何制造，但不需要懂得如何演奏，演奏家却未必懂得调音，调音师也未必懂得欣赏乐曲。由工厂流水线生产出来的各种复杂的现代技术物更是如此，一辆汽车的成功运转依赖于几乎整个现代工业体系的各个环节协同贡献。

因此，在技术物中凝聚和展现的，并不是某一个或几个具体的人的智慧，而只能勉强说，技术是"人类的"智慧的结晶。

然而，个体的属性和全体的属性往往不能混为一谈，我们未必总是能用相同的范畴去涵盖它们。例如，我们可以用砖瓦组成房屋，但谈论砖瓦的形状和谈论房屋的形状是两码事；人体由细胞组成，但谈论人体的寿命和谈论个别细胞的寿命是两码事。那么谈论所谓"人类的智慧"和谈论具体个人的智慧还是一回事吗？

制造技术物的智慧、选取和运用技术物的智慧，与通过技术物的运转展示出的智慧，似乎也是不同层面的范畴。

如果说，一个老学究展示其博闻强记的能力时，展现的是"他的"智慧；而我借助工具书或搜索引擎展示同样的博学时，展现的是否是"我的"智慧呢？注意到善于检索本身也是一种实践智慧，假如把我所仰赖的技术工具同时也分给老眼昏花的老学究用，他也未必能展示出更多的智慧。所以说，当我借助谷歌展示博学时，也的确展示了"我的"智慧，然而这种智慧似乎与老学究所展示的智慧属于不同的层面。那么，如果说这些博学的信息根本就不再需要一个善于检索的人运用自己的技巧来呈现，谷歌本身就能够像一个老学究一样听取他人的求教，帮人答疑解惑，那么，在这一过程中所展现的智慧究竟是谁的智慧呢？

我们硬要说这是"人类的"智慧，但老学究博学的知识难道不也来自其他人的积累吗？只是他通过常年的学习，把无数人的智慧汇聚在自己的头脑中，出版商则把无数人的智慧汇聚到印刷书中，而谷歌则把无数人的智慧汇聚到数据库里。我们非要说，只有这些"人类的智慧"通过老学究的脑与嘴表达出来的时候，它们可以被归为老学究的智慧，而当同样的东西通过谷歌的数据库和显示屏表达出来的时候，却为何不能说它们是谷歌的智慧？

无数人积累了各种知识；老学究学习并记住了许多知识；我认识老学究并善于和他交流；当我的小伙伴向我出了一道难题时，我向老学究求助从而得到了明智的解答。——这一系列事情中，每一个环节都涉及不同层面的"智慧"，但另一方面，每一个环节的主角都有可能被机器取代，那么凭什么不能把相应层面的智慧归功于机器呢？

技术是人类能力的延伸和凝结，这里所说的既包括体能，也包括智能，如果我们能够把力量归功于技术，那么也应该把智力归功于技术。

"人工智能"在某种意义上就是一句废话，所谓"技术"，无非就是"人工智能"，也就是说，"凝聚为人工物的智能"，这种"凝聚"已然改变了"智慧"的归属。比如说，当无数人的智慧汇聚在老学究的头脑中时，表现出的就是属于老学究的智慧，当老学究帮助我们解决疑难时，我们首先感激和夸赞的显然是老学究的智慧，而不是去谈老学究的父母和老师们，更不是在谈所谓"人类的智慧"。在技术器物中凝聚的智慧，表现出来时，理应也归功于技术器物，至少头功该属于它。

在希腊人那里，智慧、勇敢、公正和节制并列，被理解为人的"德性"之一，但"德性"一词本来就不是人类的专利，古代汉语中"道""性""善"等都包括一般事物，希腊人的"德性"最初也是谈论的某种事物的特性、品质、功能之类，比如奔跑是马的德性。

奔跑是马的特长之一，但猎豹、羚羊、长跑运动员等，许多其他事物也同样可以擅长奔跑。智慧是人的德性之一，但一定专属于人吗？

马在速度上胜过了人，而火车又胜过了马，人们都没有感到屈辱，但为什么机器在智慧上胜过人就让人失去"尊严"了呢？

这似乎是某种报应循环。当人类技术发明的力量超越动物和自然的时候，人们信心膨胀，自以为能征服自然、凌驾万物。正是因为把傲慢自大当作所谓"尊严"，这才会在人类的霸权地位可能动摇时感到尊严受损。

第35章
人工智能有什么可怕吗？

当然，很多人也许会指责我概念混淆，因为"智能"和一般的力量、速度等能力不同，似乎牵涉"心灵"或者说"自我意识"的存在，因此对于一个没有自我意识的事物，是不能拥有智能的。但这其实是另一个问题，事实上我们能够确定有"自我意识"的，只有"我"一个人，至于他人也有心灵，这本来就是靠同情的推断，我们是先看到他人表现出与我相似的"智能"行为，才认为他人拥有与我相似的心灵。而不是说我们先需要识别他人是否有心灵，然后才能谈论他人是否表现出智能。对于他人心灵的问题，只有这种偏向行为主义的理解是合理的，"心灵"本身是看不到的，我们只是把"心灵"认作一系列行为的最终负责者而设定出来。

电脑的形式和质料与人脑有极大差异，但这些差异本身并不能先验地否定电脑可以被认作有心灵的。比如，一个植物人的脑结构也许与我们差不多，但鉴于他再也无法表现出任何有意识的行为，我们可以说他已经没有自我意识了。而假定有外星人造访，在我们能够敲开他们脑壳研究清楚其结构之前，我们恐怕早就该以他们拥有智能和意识为前提与他们打交道了。

外星人恐怕是我们碰不到的，然而人工智能却已经近在眼前。"图灵测试"早已不是高不可攀的圣杯，而是在许多意义上早已实现了。现在的电脑已经能够在许多具体的场景下模仿人类，让人无法分辨。例如在5分钟内扮作一个13岁的男孩，又比如扮演在线客服，扮演棋手，等等。在哲学家中，塞尔的"中文屋"思想实验是少数值得认真对待的质疑，但它和我们在这里谈论的问题没有太多关系——人工智能究竟有没有"心灵"与他们是否可怕没有关系。

"中文屋"暗示出来的一个关键问题是：当我们可以把"意识"的过程外在化地把握时，当这种过程失去了内在性，也就是失去了神秘性时，我们便倾向于认为这种意识是虚拟的。比如，当这个人之所以表现出"懂中文"，依靠的是外在的可见的可把握的行为——查词典——的时候，我们会以为他是假懂，但如果他之所以"懂中文"是依靠大脑内部的一些特定区域，而这些区域的运作机制仍然晦暗不明，也没办法外在化，在个人之外滞留和复制，那么我们就以为他是真懂。事实上，讽刺的是，恰恰是当我们搞"不懂"他如何"懂"时，我们才相信他是真"懂"。

而人工智能或计算机的意识过程从一开始就是外在化的，是可见的、可把握的，于是我们能搞懂它为何显得懂，于是我们认为它是假懂。

暂且不深究上述逻辑是否合理，可怕的是，关于人工智能的

"为何能懂××"的机制，人们也开始搞不太懂了。这是基于"神经网络"的新一代人工智能模式的特点，机器开始变得能够自主学习，而不是照搬人类预先制定的框架。

比如，谷歌的人工智能已经从几千万张图片中"学会"了对"猫"的辨识。这不同于以往的人脸识别之类，以往是人类程序员编制好如何识别的完整程序，制定好何谓人脸的标准，让电脑去"按图索骥"。最后机器自己形成了猫的"概念"，用程序员预先并不知道的方式去辨认猫。（既然机器能够自发地形成猫的概念，那么它能否自发地形成"自我"的概念呢？我认为这有可能，但非常困难。但"天网"即便没有自我意识，也照样可以支配人类，就好比工厂流水线已然可以支配工人那样。）

这也是AlphaGo与以往的深蓝之类的人工智能相比的关键改进，现在不再需要人类去预先编制好应当如何下棋的程序，而是让计算机自己在无数棋谱和无数实战中自行总结出怎样下棋的策略。理论上说，设计AlphaGo的程序员根本不需要擅长下围棋，甚至可以连围棋的基本规则都不知道，就像让电脑在无数图片中学会辨认出猫那样，让电脑自己去发现围棋的奥妙。在AlphaGo之后，AlphaGo Zero已经几乎做到"从零开始"学习（不再依赖人类的棋谱）。人工智能已然表现出许多超出人们理解的方面，可怕之处不在于AlphaGo赢了，而在于人们开始不知道它究竟凭什么赢的。它的许多走法都超出了人类高手的判断。

如果说深蓝战胜卡斯帕罗夫时，我们说电脑的优势无非是计算速度，那么现在，AlphaGo 却是在那些人们引以为傲的传统方面击溃了人类对手。比如所谓的直觉、大局观、创造性等。一开始李世乭还试图用打破刻板定式的新奇走法扰乱电脑的阵脚，然而结果发现电脑才是更善于打破定式的一方。

人的智能包括许多能力，比如推理、想象、判断、表达等，但其中最核心和最重要的一点，恐怕就是"学习"，如果说工业革命的关键突破在于"工具机"的兴起（马克思指出工具机取代了人直接作用于劳动对象），在"操作"的环节让机器取代了人，那么现在的这一场信息技术革命或者说人工智能的关键突破恐怕就在于"深度学习"的兴起，也就是在"学习"这一环节，机器也开始取代人。从此我们再不能把机器看作"机械的"，或者说只会刻板地重复人类预先设定的套路，相反，机器将在打破成规方面走在人类前面。

从此以后图灵测试将变得越来越无关紧要，因为图灵测试无非还是说如何让机器模仿人类，但事实上机器大可以比人类更加高明，根本不需要通过模仿人类来形成智能，而是可以绕过人类，不需要以人类为榜样，直接从事物那里学习，用自己的方式发展智能。也许到什么时候，让机器参与图灵测试来模仿人类，就好比让人类去模仿一条狗那样无趣。

围棋方面或许已然如此了，在前些年，我们可能难以分辨某个棋手是一个业余人类选手，还是一个人工智能。但在 AlphaGo 之后，我们又可以分辨了，机器的高明而非笨拙反而成了机器和人类的差距。

但归根结底，我们究竟为什么害怕人工智能呢？如果人工智能拥有了比人类更高明的智能，好比是大智慧、大能力的仙人下凡或神明降世，这有什么可怕的呢？

事实上，我们害怕人工智能对我们做的事情，正是人类自己曾经做过的事情。我们害怕它把我们当作纯粹的"资源"来榨取，害怕它把我们当作愚蠢的野蛮人来征服，害怕它把我们当作黑奴来歧视和役使……

因为我们信奉的不是智慧，而是"力量"，我们认为"知识就是力量"，因此更高的智能一定意味着更强的权力，而权力则意味着为所欲为、肆意征服。于是，我们才会害怕计算机拥有智能，本质上说，我们害怕的是我们自己，害怕的是自己遭到"报应"。

而我并不害怕计算机比人智慧，只怕计算机不够智慧。

肆意征服的殖民主义只是人类历史中的一个片段，力量至上既不是大自然的智慧，也不是古人的智慧，更不是未来的智慧。甚至在殖民时代，劫掠者也不是唯一的主流，商人、传教士和博物学家代表着不同的征服方式。

经历了历史的教训，智慧的人类早已深刻反省，我们已经认识到殖民主义的错误，认识到了文化多样性的意义。如果说21世纪的我们比18世纪的殖民者更有智慧，那么未来比我们还要智慧的人工智能，又怎么会倒退回殖民时代呢？

苹果公司的新掌门库克最近说道："我所担心的并不是人工

智能能够像人一样思考，我更担心的是人们像计算机一样思考，没有价值观，没有同情心，没有对结果的敬畏之心。"这道出了人工智能技术真正值得害怕的地方，芬伯格也认为，计算机科技发展中最值得警惕的并不是"用计算机重现人脑思维过程"，而是用计算机的现成模式重新定义人。

如果人的智慧倒退了，退化为只考虑效率和利润，而不在乎伦理与文化，然后人再根据这种逻辑去设计人工智能，那么在人工智能真正成熟而获得完全的自立之前，这个由偏狭的人所设计的不成熟的人工智能，就足以带来毁灭性的后果了。

第七部分

技术与中国

第 36 章
落后不应挨打

上文说到，当我们把"知识"等同于"力量"时，知识的进步就会被理解为强权的建立，我们因此恐惧人工智能，害怕它们用更高的强权奴役人类。但如果说我们超越狭隘的"唯力主义"，意识到多元共生比强权独尊更"进步"，那么我们就可能对未来更加乐观一些了。

中国人对这种强权逻辑并不陌生，近代中国在西方人的坚船利炮面前饱受欺凌，深切地体验了先进技术与霸权主义的结合，总结出"落后就要挨打"的教训。

到了今天，我们不再处于危亡之际，就有必要重新审视"落后就要挨打"这一命题了。近代中国因落后而挨打，是一种历史性遭遇，但并不意味着古往今来但凡落后者都要挨打。我们不能把殖民主义的特殊现象，视作历史的普遍规律。

放眼历史，我们发现，人类文明史中更常见的，恰恰是先进的文明在"挨打"。在亚欧大陆的普遍现象是，发达的、繁荣的农业文明，不断遭到周边游牧文明乃至野蛮部落的侵袭。古罗马人挨了日耳曼蛮族的打，不能说在当时的日耳曼人比罗马人更"先进"吧。

中国古代，王朝也饱受北方游牧部落的攻打，经常屈辱地通过封王赐爵、赠金赔银、笼络和亲等手段来安抚那些骚扰者。

在古代，一些入侵者掌握更高明的军事技术（如胡服骑射、蒙古战马等），但技术不只包括军事技术，从总体的技术环境而言，往往越是繁荣和丰富的文明，越是趋于和平。宋朝人在内忧外患的时节仍能歌舞升平，耽于文艺，不思开疆扩土。我们一方面当然怒其不争；但另一方面也证明了"先进"的技术文化往往会促进和平。

"进步"不可能是一帆风顺的，因此历史总有例外和反复，殖民者仗着先进的军事技术为所欲为的年代已经过去，现在西方人自己也早已有所反省，甚至许多人近乎迂腐地弘扬"政治正确"，尊重平等和多元。或许有虚情假意或矫枉过正，但不可否认现在总比殖民时代多少进步了一些。

当我们宣扬"落后就要挨打"时，应意识到这只是一句警句，潜台词不应是：先进了就能打人。

道理很清楚，我们挨打不是因为我们犯了"落后"这一罪过，犯错的是打人者。正理应当是：落后者不该挨打。落后并不是原罪，先进也并不能为所欲为。

在"求力意志"（will to power）的逻辑下，技术被理解为征服的工具，而征服的力量高低被视为判断进步的标准，但强者为尊、肆意征服不是生物史的规律，也不是人类史的规律，这种狭隘的进步观应当被抛弃。

但我们也不必彻底放弃"进步"的观念，在强权之外，还可以有许多衡量进步的尺度。当然，对于何谓进步的理想，是有时代性和文化相对性的，不同时代的不同文化，心目中的善恶好坏并不一致。但是，承认相对性并不意味着陷入虚无主义，当我们说观念根植于时代和文化时，仿佛我们现在已经没有时代也没有文化似的。我们找寻不到超越时代的、绝对固定的标准尺度，但我们当然还能够，也应该去找寻我们这个时代的理想。

无论这个时代的我们以什么标准来衡量"先进"与"落后"，我想我们至少可以坚守这一点——进步是对"野蛮"的远离，是从杀戮走向和平，从独霸走向共荣。

第37章
古今"四大发明"都不值得骄傲

这种崇拜强权的求力意志甚至会扭曲我们对中国传统文化的理解。当我们谈论"中华文明的伟大复兴"时，我们需要清醒地理解，我们究竟想要复兴什么东西？

沿着求力意志的逻辑，中国古代的辉煌也无非在于"强大"，其中科学技术的领先总是被津津乐道。传统中国古代科技史的写法，就是每一件发明或发现都附一句"比西方早N百年"。

李约瑟向西方人介绍辉煌的中国古代科技成就，也把西方人提出的"四大发明"概念介绍给中国人。在抗战背景下，李约瑟及"四大发明"的概念在中国广为流传，激励了士气。

但是现在冷静下来仔细琢磨，其实"老祖宗很强"又能说明什么呢？除了说明子孙后代不争气之外，似乎没什么可骄傲的。更何况，老祖宗之"强"完全是用西方人的标准来评判的。

西方人之所以强调造纸术、印刷术、火药、指南针这四大发明，基于的是这四大发明对于西方文明的发展产生了重大影响，如马克思所说："火药把骑士阶层炸得粉碎，指南针打开了世界市场并建立了殖民地，而印刷术则变成新教的工具，总的说来变成了科学复兴的手段……"但是在中国古代，这些发明的影响并没有那么显著，也并不那么受人重视。

中国古代有更多傲立世界的东西，比如敢于秉笔直书的史官文化保证了二十四史连绵不绝，兼容并包的信仰文化让儒释道等各种教派共存共荣，仁者爱人的儒家文化让天南海北和谐凝聚。这些中华文化的独特品性并不是"比西方早N多年"的事物（毕竟能放到西方的尺度下被衡量），而是从根本上反映出我们与西方迥异的道路。

仅就技术发明层面，中国古代也只能说是"独树一帜"，而不能说全方位强过西方。事实上，东西方古文明从一开始就各善其场，例如前文已经提到过的，中国人擅长制瓷器，而罗马人擅长制玻璃。从希腊人到阿拉伯人，西方人更是特别擅长机械技术（图7.1，图7.2）。东方和西方本来各有特色，最后西方人消化吸取了中国的技术，但中国人并未吸取西方的科技，从此拉开了差距。

总之，中国与西方并不是在同一条跑道上竞速：中国古代领先，近代被追上，将来又要反超。

真的要促进中华文明的伟大复兴，与其聚焦于"四大发明"之类的技术成就上面，不如更多地关注传统文化中更加独特的东西。当然，和西方的文艺复兴一样，中华复兴也不是简单地崇尚古人，更不是封闭自大。西方人复兴的前奏恰恰是他们如饥似渴地向阿拉伯人求学，中国人的复兴也是以西学东渐肇始的。

图7.1 古希腊机械的最高成就之一，安提基西拉机械。可以通过数十个齿轮联动进行计算，换算历法和推算行星位置

图7.2 阿拉伯发明家雅扎里（1136—1206）设计的水力自动奏乐装置，他的《巧妙的机械装置的知识》一书宣称只描述自己创建的设备

现在部分中国人有一种危险的倾向，他们并不真正关心中华文明的独特内涵，而只是想要单纯地"恢复古代中国的强大"，

并不想在多元并存的世界民族之林树立起一个独树一帜的中华文明，而只是想在同一条跑道上重新领先。

前两年流行起一种所谓"新四大发明"的说法，认为高铁、扫码支付、共享单车和网购像古代的四大发明那样，又能改变中国、震惊世界。

且不论这所谓新四大发明无论在原创性还是在影响力方面，都不能与老四大发明相提并论，即便是老四大发明，也不值得我们骄傲。

在某些方面，"新四大发明"和"老四大发明"的确有相似之处，中国古代为什么能有许多技术成就呢？主要还是因为人口多，经济繁荣。人口基数大了，脱颖而出的能工巧匠自然也就多了。但也需要注意到，中国古代的社会文化对于工匠、手艺人、发明者、工程师和科学研究者等，是不大尊重的，因此零星的杰出成就并没有有效地聚合和传承，没有形成一种持续的发展趋势，而是经常反复、失传。

相比而言，西方自近代以来持续崛起，后劲十足，他们建立了各种自发的行业协会和民间社团，工匠和学者形成一股独立自主的力量，而政府通过不断健全的著作权制度和专利制度保护创新者。更重要的是，技术创新、经济财富和社会地位这三方面得到统一，追名、逐利与创新是一致的，这种保护创新、尊重创新、激励创新的社会机制稳固下来，促使西方科技自近代以来就持续发展。

而现在所谓的"新四大发明"，一个优势是后发优势，比如我们信用卡不普及，反而促进了支付宝普及；另一个优势是人口优势，一些新技术可以很快取得爆发性发展。但究其根本，尊重工匠、尊重创新的文化和制度环境，仍然还是相对落后的。

第38章
亦步亦趋不如另辟蹊径

所谓技术层面的赶超，关键还是在创新能力方面的提高，而不仅仅是某些现成技术产品的引入。要引入现成的技术产品还不容易吗？在全球化市场经济的环境中，只要打开国门，如果我们确实需要这些技术产品，国外的企业就会自觉自愿地输入这些最新的产品。当那些企业步伐缓慢的时候，我们可以采用支付专利费自行生产，或其他任何讲规则的合作方式，引入这些产品。

也就是说，山寨还是不山寨，基本不影响我们享用新产品，也基本不影响我们能否提高创新能力，唯一影响的几乎只是：谁赚钱，赚多少钱的问题。

有人觉得，我们不应该让外国人多赚钱，更不该让老百姓多花钱。山寨货让老百姓少掏钱，让中国人多赚钱，岂不大妙？但是更关键的不是说是中国人还是外国人赚钱，而是说，我们有没有让研发者、创新者赚到钱？正版货之所以昂贵，除了关税之类的原因，更重要的是，技术研发和创新的过程是需要巨额投入的，正是专利制度保障了这些巨额投入不会轻易沦为他人嫁衣，所以企业才敢于花费大量人力物力去促进创新。山寨货当然会更便宜，因为它整个取消了"给研发者丰厚利益"这一个环节。

所以在整个环境下，关键不在于老百姓能否赚钱，而在于创新者有没有赚钱——无论是中国的创新者还是外国的创新者。

在一个普遍山寨的环境下，创新者是得不到足够的名与利的，发明家还不如公务员，搞创新不如跑关系。

有没有可能不让外国的创新者赚钱，但让中国的创新者赚钱呢？这种想法就更加危险。如果创新者能得到利益，但却不是从市场经济的效益中收获而来的，而是自上而下地通过政策赋予的，那么这种情况下被激励的与其说是创新者，不如说是"权力"。所谓创新者不再在意技术本身及其市场效益，而是盯着上级领导，盯着课题经费。真正志在实用的创新者将被山寨者击败，而善于钻营的人反而获得名利，这非但不是对创新的激励，甚至是一种逆向淘汰。真正对创新者的支持，只能是让他们从严苛的市场竞争中攫取名利。

那么后发国家的创新者，如何可能与先进国家的创新者同台竞争呢？后发国家落后这么多，不偷不抢的话怎么可能赶超呢？答案是，就具体个别的技术而言，确实是几乎不可能后来居上，因为先进者不会停滞不前等着我们去赶超，我们即便以最好的方式去激励创新，但他们也同样在不断创新，由于优势会不断积累，差距可能会越来越大而非越来越小。即便偶尔赶超到了国际最先进的水平，但如果没有尊重创新的土壤，也未必能与国际同行甩开距离。

然而，我们整本书都在强调，所谓"技术"并不是铁板一块的一个项目，而是有无数可能性，有无数相对独立的进路。在技术领域的所谓"赶超"，往往总是靠另辟蹊径的新技术，而不是在旧的技术路线上重走一遍。

西方人也许至今也未曾建立起超过蒙古的骑兵队伍，他们是靠火炮而不是更强的骑兵打败东方的；苹果手机的天线质量直到今天也未必比诺基亚好，它不是靠更先进的通话质量赶超诺基亚的；直到今天柯达的胶卷也许还是做得最棒的，它的没落根本不是因为谁在胶卷技术上后发制人了。在芯片方面，电脑芯片领域英特尔的地位难以撼动，但在手机芯片领域联发科、高通、三星之类打开了新局面。

我们压根不需要去在各个技术领域赶超西方，让柯达永远在胶卷领域做第一又如何呢？技术领域的真正"赶超"必定是另辟蹊径，开辟新的空间，而不是在现成的舞台上同台竞技。

"另辟蹊径"才是真正的"后发优势"，因为后发的关系，我们可能在新技术尚未普及的情况下就接触到更新的理念，因而可能整个跳过某些科技树，打开一个全新的局面。这种另辟蹊径难以通过自上而下的规划和扶持达成，更不能靠照搬他人的现成成就达成。

所以说，认为山寨能强国的，都是丢西瓜捡芝麻，只看到了短期内让国内那些钻营者多赚了一点钱，让国内的穷人少花了一点钱，但它不能让穷人变成尊重知识、遵守规则的现代公民，更不能让钻营者变成创新者和发明家。强国之路只能靠促进创新，促进创新必须要尊重创新者，尊重创新者就要让创新者名利双收，这是很简单的道理。

第 39 章
西体中用

在写作过程中，有位出版人曾给我提了个意见，希望我对正在进行的"贸易战"多写一点战略性的看法，说不定让相关领域的决策者看到，也能做点贡献。但这其实并不符合我这本书的定位。当然，任何人都可以阅读这本书，包括普通的大学生，也包括企业家或决策者。但问题是，我这本书却并不打算给出任何具体的"策略"。这本书关注的是技术史与技术哲学的大问题，而不是具体技术领域中的操作性问题。

而具体领域中应如何做，需要各行各业的行动者根据实际语境，随机应变，不存在一劳永逸的办法。与其希望我的书实用，不如说我更希望这本书能提供些许"消遣"，请读者从忙碌的、紧迫的事务中抽身片刻。

在第四部分我们谈到，现代人不应该只关注眼前的操作性的事务，偶尔也应当从紧迫的当下事务中抽出来，从而保持反省的能力。但我们又不应指望这种反省每次都能得到具体的、操作主义的结论，拿来指导实际工作。我们不希望被完全卷入工具理性的陷阱，就不能总以"务实"的逻辑要求一切，偶尔也要接受这种并不能直接指导实践的"务虚"行为。

不过，在第二部分我们也讲到，当我们进行反思，我们不奢望控制未来，但可以去追究过去，确认我们所珍视的东西。

在第六部分我们又讲到，创新者能够在时代大潮中有所作为，虽然不可能控制潮流，但总可能加入其中，参与未来的塑造。

如此说来，面临中国与西方交融与对峙的关系时，对技术的反思或许也可能为眼下的选择提供某些启示。

在第七部分我们说到，我们不应该因为老祖宗的技术发明而盲目骄傲，也不该一味追求强大的力量。

在第五部分我们讲到，在技术的进化中，保持"多样性"是有益的，文化多样性能够为技术的未来开辟更多的可能性。

因此，我们有必要审视中国的传统文化和当代特色，思考我们究竟应当珍视哪些东西。

在第三部分和第四部分我们讲到，现代科技的特点是照亮一切，消除"余地"或"间隙"。

海德格尔和马尔库塞之类的技术哲学家，认为我们可以从"艺术"中寻觅工具理性化解之道，重新打开被现代技术遮蔽了的间隙空间。但事实上，中国传统文化中的器具思想，不只有"工具-艺术"这两个向度。

中国很多的古董器具，在现在的博物馆里一放，就成了"艺术品"，但在古代人眼里，它们可能是养器，也可能是明器或祭器。

所谓养器是日常生活所用的"用具"，而明器（墓葬所用）和祭器（庙堂祭祀所用）则属于"礼器"（图7.3）。这些礼器不是给活人用的。

图7.3 后母戊大方鼎，最大的青铜礼器

孔子说过"君子不器"，但给他学生子贡的评价却是"汝，器也"。这倒不是老夫子在埋汰子贡，因为他不是把子贡比作一般的器具，而是比作瑚琏。瑚琏是在宗庙中盛放黍稷之祭器。所谓国之重器，无用而大用。

礼器和艺术品不同，礼器不是拿来欣赏的，而是拿来操作、运用的。但是它又不能简单地说是一种"用具"。

艺术品呈现出一个自足的意义空间，而不是明确地指向另一些事务。而用具和礼器都是有所指向的，它们是要被拿来用的。但对用具而言，它的意义和形式是一致的——我用刀来切肉，刀的意义就是切肉；我用碗来盛饭，碗的意义就是盛饭。这似乎理所当然。如果说一个器物的意义和它被使用时指向的目标物是一致的，那么这个器物就可以被看作是中性的、可替代的。比如一把斧子也可以切肉，一台切肉机也可以切肉，究竟是用刀子还是斧子还是切肉机，取决于肉切得怎么样，成果和成本相比效率如何，如果切出来的肉是一样的，花费的人力和资本也是一样的，那么刀和斧子就没什么意义上的区别，而顶多只是形式上不一样而已。

但"礼器"却是严格的"形式主义"的，虽然这瑚琏是拿来盛米的，但瑚琏的意义显然不在于它具体的容积或性价比。同时它又不像艺术品那样只看个样了，因为它还是真的要去盛米的。

瑚琏的意义不在于中立地、一般地盛米，而在于一定要在某个特定的环境下由特定的人在特定的时机以特定的方式来盛放特定的米。只有在这一整个语境之下，礼器才有其意义。而礼器也不能从这个语境中被孤立地抽出来替换。中国古人要求拿来切祭品的刀必须是钝的，除了殉葬物之外，各种祭物也都以看来形似而不堪用为准挑选。这些都是出于伦理的考虑。我们先不去追究这些伦理的考虑究竟如何，关键在于，它们不是出于使用的对象而考虑的。虽然艺术品也同样不是出于使用而衡量的，但是艺术品本来就不被使用啊，而礼器的的确确是要拿来使用的。

礼器很讲究"用法"，关注"用"之法则或合理性，但它关注的是用之语境而非用之对象。这种对"用"的关切，既不是艺术之无用精神，也不是工具理性之效用逻辑，而是中国特色的礼乐文化的独特视野。

瑚琏一样的人是一种什么人呢？他不是一个"工具人"，不是被操纵的"螺丝钉"，也不是一个"艺术人"，游离于烟火实务之外放浪不羁。这种不器之器、无用之用的维度，正是中国文化所开辟出的一条独特的器具之道。

我在最早的一本小书《科学文化史话》^①中提到过一个口号，"西学为体，中学为用"（注意不是中体西用），不妨在这里重申。在这个现代化的时代，我们必须承认西学——民主与科学——的主体地位，中国传统的学问确实已经无法成为现代学术的核心。

但中国传统文化恰恰能够在"用"的维度上，开辟出自己的领地——而这个领地恰好是西方现代科技及其狭隘的工具理性或求力意志不断排挤和遮蔽的间隙空间——如何以非对象化的思维方式审视器物之"用"。

这种审视之维度不仅适用于礼器，也可以延伸到任何工具的使用场景。比如说，刀叉可以用来吃饭，也可以用来伤人，这是

<hr>

① 胡翌霖：《科学文化史话》，北京大学出版社，2014 年。

技术中立论者的思路，他们就只从最终指向的对象来衡量使用是否恰当；但我们更要强调的是，哪怕"对象"一样（都是吃饭），在用刀叉吃饭的时候，也有合乎礼仪地用或粗鄙无礼地用——这才是"用"的问题。粗鄙地使用餐具，就达成吃饭的目的而言，也许更具效率，却仍然是滥用。在礼乐社会，每一件东西都有其恰当的使用方式，不过度也不欠缺，用就要用得恰到好处，这才是"用"的学问。

在技术活动中额外讲究礼乐的维度有什么意义呢？我们再回到第一部分和第二部分，我们说到，技术不只是外在于人的东西，而是塑造着人的生活，进而塑造着人的"个性"。学习与使用各种技术，就是通过与环境不断磨合，塑造我们的人格的统一性。礼乐的维度也许不能提升外在的效率，但却能参与人性的健全。

图片索引

本书插图大都来自维基百科（wikipedia.org），在遵守版责规定的情况下可以免费使用，下面注明这些图片的出处，相关信息和版权协议可以进入相应的链接获取。

大部分图片的来源链接皆为http://commons.wikipedia.org/wiki/File: 文件名。例如"泰勒斯"一图文件名为"Thales.jpg"，则其来源链接为http://commons.wikipedia.org/wiki/File:Thales.jpg。在这种情况下下表只注明文件名，其他情况下会用文字说明。

图片序号按第x部分，第y张图排列。如图4.2表示第四部分出现的第2张图。

版权协议中PD= public domain，即属于公有领域，一般来说作品的创作者死亡70年之后，作品就属于公共所有，任何人都可以自由使用。一些创作者也会主动放弃版权，让作品直接进入公有领域。

CC BY表示使用者需要注明作品来源，在此情况下可以自由传播和改编。

CC BY-SA表示使用者只需要注明作品来源就可以自由传播，

但如果改编，改编后的作品也必须沿用此版权协议，即允许其他人也能够以相同方式使用。

贡献者一栏标注了CC协议图片的贡献者。

1.1 Spindle_diagram.jpg PD 基于进化论的物种分类学。

1.2 Steve_Jobs_Headshot_2010-CROP.jpg CC-BY-SA Matthew Yohe 当我们谈论"科技"时，我们更多想到的是乔布斯的苹果手机，而不是乔布斯鼻梁上的眼镜。

1.3 Gu_Hongzhong's_Night_Revels,_Detail_6.jpg PD 椅子随着佛教传入中国，在宋代流行起来。椅子的应用需要移风易俗，改变传统的社交礼仪，并塑造新的文化观念。

1.4 Abbot_Richard_Wallingford.jpg PD 最早的机械钟在修道院设立。

1.5 铜镀金象驮琵琶摆钟（故宫博物院藏品） 其他 www.dpm.org.cn 赏玩而非实用的西洋钟。

1.6 Conrad_von_Soest,_'Brillenapostel'_(1403).jpg PD 透过眼镜看。

1.7 Child_with_Apple_iPad.jpg CC-BY-SA IntelFreePress@Flickr 玩 iPad 的小孩。

1.8 Claw-hammer.jpg PD 锤子的外形"邀请"着你以特定的方式把握它。

2.1 Schiavonetti_Soul_leaving_body_1808.jpg PD 柏拉图认为肉身是灵魂的束缚，自由的灵魂才能直面真理。

2.2 Gorillas_in_Uganda-3,_by_Fiver_Löcker.jpg CC-BY-SA Fiver Löcker from Wellington, New Zealand 相对其他哺乳动物而言，灵长类动物普遍有更长的寿命和更长的幼年期，因此也得以拥

有更显著的社会性或文化性，人类相比其他灵长类而言尤为显著。

这座横跨梅奈海峡的铁桥最终采用特尔福德的设计，于1824年竣工，至今仍在使用。

3.7 瓦特手稿中的水壶 PD birmingham library 瓦特手稿（1765年）中的水壶。

4.1 Madonna_with_child_and_angels.jpg PD 孩子的降生是一种恩赐。

4.2 VOC_aandeel_9_september_1606.jpg PD 东印度公司的股权凭证（1606年）。

4.3 2005-07-10_chinese_chess.JPG CC-BY-SA David Maximillian Waterman 越是深入问题的细节，越是丧失了"掀桌"的能力。

4.4 Roskosz-waste-container-10042501.jpg CC-BY-SA Grzegorz W. Teycki 垃圾桶。

4.5 Wysypisko.jpg CC-BY-SA Cezary p 现代人处理垃圾的主要方式和古人一样：填埋。

4.6 Dated_Eggs._(12921157).jpg CC-BY-SA iMorpheus from Akishima, Japan 现代工业制品都要打上"保质期"。

5.1 中世纪头盔的进化史 其他 Dean, Bashford, Helmets and body armor in modern warfare, New Haven Yale University Press, 1920. P.47 中世纪头盔的进化史。

5.2 A_Bonobo_at_the_San_Diego_Zoo_'fishing'_for_termites.jpg CC-BY-SA Mike Richey 用树枝辅助吃蚂蚁的黑

　　　　　　　　　　什么是技术

猩猩。

5.3 Wells_Reindeer_Age_articles.png PD 旧石器时代晚期，工具多样化且带有地域特色。

5.4 Pandora's_gift_to_Epimetheus.jpg PD 后来爱比米修斯又遗忘了哥哥的叮嘱，打开了潘多拉的魔盒（罐子），给人类带来灾厄。

5.5 Leonardo_da_Vinci_helicopter.jpg PD 达·芬奇设计的直升机，达·芬奇的想象力超越了时代，但许多设计在当时并不能实现。

5.6 Blue_Linckia_Starfish.JPG CC-BY-SA Copyright (c) 2004 Richard Ling 珊瑚礁构成了海洋中，乃至整个地球上最为丰富多样的生态结构。

5.7 Gut_microbiota_and_obesity.png CC-BY-SA Muséum d'histoire naturelle de Toulouse 在无菌环境下培养的小白鼠需要多吃30%才能正常成长，而植入特定肠道菌群的小白鼠则更容易肥胖。

5.8 Jadestein.jpg CC-BY-SA Immanuel Giel 玉石石料

5.9 Cardinal_gems.png CC-BY-SA 略 各种宝石（钻石、蓝宝石、红宝石、祖母绿、紫水晶）。

5.10 Quartz,_Tibet.jpg CC-BY-SA JJ Harrison 天然水晶石。

5.11 长沙出土战国谷纹玻璃璧 其他 引自朱一点头："说

说中国古代的玻璃（上）"https://www.douban.com/note/521763742/ 谷纹玻璃璧(战国)。

5.12 Jade_Bi_Ornament,_Dragon_designs,_China_-_Warring_States_period,_Western_Han_dynasty,_4th-2nd_century_BC.tiff CC-BY-SA Firedrop 龙纹玉璧(西汉)。

5.13 清_白玉观音-Figure_of_Bodhisattva_MET_02_18_440_01.jpg PD 清代白玉观音。

5.14 Guangdong_Sheng_Bowuguan_2012.11.18_09-59-51.jpg CC-BY-SA Zhangzhugang 清代瓷观音(德化窑童子观音像/广东省博物馆)。

5.15 Roemerwein_in_Speyer.jpg CC-BY-SA Immanuel Giel 施派尔出土公元325年古罗马人未开封的葡萄酒瓶,一个玻璃瓶内还留有半瓶液体。

6.1 Makingthedrop.jpg PD 冲浪者。

6.2 Robert_Moses_with_Battery_Bridge_model.jpg PD 罗伯·摩斯(Robert Moses,1888—1981)。

6.3 Velocipedes.png PD 早期自行车的各种样式。

7.1 NAMA_Machine_d'Anticythère_1.jpg CC-BY-SA Marsyas 古希腊机械的最高成就之一,安提基西拉机械。可以通过数十个齿轮联动进行计算,换算历法和推算行星位置。

7.2 Al-Jazari_-_A_Musical_Toy.jpg PD 阿拉伯发明家雅扎里(1136—1206)设计的水力自动奏乐装置,他的《巧妙的机械装置的知识》一书宣称只描述自己创建的设备。

7.3 HouMuWuDingFullView.jpg CC-BY-SA Mlogic 后母戊大方鼎，最大的青铜礼器。

推荐阅读

正如第一部分所说，这本书面对的是不满足于仅仅"活着"，而是对"自由的生活"有所追求的反思者。或许是高中生或大学生，或许是各行各业的工作者，我希望这本书能够给读者们提供一些启发或挑战，激励读者进一步追问技术、反思自己的时代。

当然，对于这个主题而言，这本小册子的篇幅明显是过于单薄的。而且，对于不同的读者而言，有些部分可能过于浅显，有些部分又或许过于晦涩。读者们恐怕会对这本书并不满意，但这是正常的，毋宁说我希望读者们不要满足于这本小书，而是在经过我的启发或挑战之后，进一步搜寻其他书籍，进行更多的阅读和思考。

鉴于本书并不是非常严肃的学术著作，文献引用并不多，除了页脚注释之外，我愿意在最后专门罗列一些书籍，作为推荐的延伸读物，这些著作都有容易获得的中文版，也可以作为"技术哲学"的入门读物。

吴国盛：《技术哲学讲演录》，中国人民大学出版社，2009年。

——由吴国盛老师的若干讲座结集而成，这些讲座面向一般大学生，涉及技术哲学的若干核心问题，但讲得深入浅出，风趣活泼，是我首推的技术哲学入门读物。

吴国盛编：《技术哲学经典读本》，上海交通大学出版社，2008年。

——吴国盛选编的经典文集，包括马克思、海德格尔、马尔库塞、芒福德、埃吕尔、斯蒂格勒等技术哲学领域的经典论文或著作节选。我们开技术哲学导论课也是以此书为底本。其中有些文章很容易读，但有一些非常晦涩，初学者可以根据兴趣和能力挑选着阅读。

芬伯格：《技术批判理论》，北京大学出版社，2005年；《技术体系：理性的社会生活》，上海社会科学院出版社，2018年。

——芬伯格是法兰克福学派的传人，是在新世纪比较活跃也影响较大的技术哲学家。他试图整合法兰克福学派、现象学传统（海德格尔）、法国技术哲学（西蒙栋）、社会建构论（科学知识社会学、拉图尔）等学术资源，提出他的批判建构主义。他的思想在较早的《技术批判理论》中就已经比较完整了，而在新近的《技术体系》中加入了更多源流梳理。除了他整合各派学说后提出的独特见解之外，他对各派学说的梳理本身也可以视作一个不错的"入门导论"。前一本书并不过时但现在不好买了，但后一本书的翻译不是特别通畅（大体可读）。

凯文·凯利：《科技想要什么》，中信出版社，2011年；《技术元素》，电子工业出版社，2012年。

——凯文·凯利是《连线》杂志创始主编，在IT行业颇有影响力，在中国也较有名气。他更著名的书是《失控》，不过以上两本书更贴近"技术哲学"的主题。《科技想要什么》应该译成《技术想要什么》，他把技术看作和动物界、植物界类似的一个生物学大类，中译本翻译成了"第七王国"，其实生物学里Kingdom就是"界"的意思。我在第五部分也讨论了技术进化的思想，这种思想本身并不新奇，但凯文·凯利以比较通俗和有趣的方式表达出来，还是值得一读的。《技术元素》集中了若干篇有启发性的杂文，我在第一部分也有过引用。

赫拉利:《人类简史》，中信出版社，2014年;《未来简史》，中信出版社，2017年。

——赫拉利的著作畅销得让人眼红，但他确实有点东西，他在简短的通俗作品中汇集了丰富的知识，读来颇有启发。当然，也有许多学者对他的书展开批评，但是基本上也没挑出多少硬伤，无非是说他的观点并不新奇之类。但是在学术界并不新奇的观点，传达到公众时也许还是震撼性的。赫拉利和凯文·凯利类似，我们不能用提出多少原创的学术洞见来要求他们，而是要看他们如何向公众传达这些富有启发性的洞见。

伊德:《让事物说话》，北京大学出版社，2008年;《技术哲学导论》，上海大学出版社，2017年。

——伊德是所谓"后现象学技术哲学"的代表人物，在英美学界颇有影响。但是从欧陆现象学的立场上看，伊德的"现象学"其实是颇为肤浅的，不过经过肤浅化改造之后，倒是更容易被英美哲学接受了。我觉得在不去较真伊德够不够"现象学"的情况下，他的思想确实能够让不熟悉现象学的读者更容易有所收获，还是值得一读的。当然，"后"未必总是好事，"后现象学"并不能够取代以海德格尔为代表的"正宗"现象学技术哲学。《让事物说话》简略地提出了一套审视人与技术物关系的模型，《技术哲学导论》顾名思义是对此领域相关背景知识的介绍。

海德格尔：《存在的天命(海德格尔技术哲学文选)》，中国美术学院出版社，2018年；《演讲与论文集》，商务印书馆，2018年。

——海德格尔是技术哲学领域最深刻也最重要的哲学家，当然，他也是20世纪最重要的哲学家之一。"技术哲学"并不是这位哲学家偶然间关注到技术，于是在他的"哲学"下开辟出一个"子课题"。不如说，"技术"就是海德格尔哲学思想的核心。"技术"被海德格尔诠释为"真理的发生方式"，追问技术同时也就是在追问真理，追问人类的命运。当然，在海德格尔的著述中，有一些篇章特别突出了"技术"的主题，《存在的天命》就是把一些技术主题较为鲜明的文章拣选出来结集了。如果要选择更学术一些的版本，海德格尔的《演讲与论文集》中收录了"技术的追问""科学与沉思"这两篇关键文献。海德格尔的文本当然很不好读，但也不必想得太过艰难。许多术语想要细究其用法是颇为困难的，但如果只是当作启发和指引来读，对一些文本细节不要过于穷究，那么即便是初学者也可能从海德格尔那里有所收获。

麦克卢汉：《理解媒介》，译林出版社，2011年；《麦克卢汉如是说》，中国人民大学出版社，2006年。

——麦克卢汉被誉为数字时代的"先知"，他提出的"媒介即讯息"和"地球村"等概念至今脍炙人口。在他的著作中，"媒介"基本上可以与"技术"互换，我在第一部分已经讨论了他的观点。不过他的写作风格是比较飘逸的，想要系统地梳理出他的思路并不容易，但是如果只是为了获得启发，那么他的著作还是很容易上手的。除了最经典的《理解媒介》之外，我特别推荐《麦克卢汉如是说》，这本书收录了麦克卢汉的一系列讲演稿和访谈录，可读性较强。

斯蒂格勒：《技术与时间》，译林出版社，2012年。

——斯蒂格勒是在技术哲学领域影响最大的在世哲学家之一，近年来在中国也颇有影响。相比于所谓"后现象学"，斯蒂格勒才是欧陆现象学传统的正统传人，当然正统的欧陆风格，特别是他老师德里达的风格，也让斯蒂格勒的文风如其前辈一般晦涩难读。所以我并不推荐初学者入门就读，但是如果已经有了一定的积累，特别是有了足够的耐心，想要阅读深刻且较为前沿的专著，那么《技术与时间》三卷本是一定不可错过的。我们都会说，"现代技术飞速发展"，但这样一句寻常的判断恰恰是《技术与时间》的切入点——什么是"速度"？火车速度快，那是在铁轨上跑，刘翔速度快，那是在跑道上跑，但说技术发展的速度快，究竟是指一个什么东西在一个什么地方以什么方式在运行呢？最令人困惑的地方恰恰在于，"技术发展飞快"这句话几乎人人能听得懂。斯蒂格勒正是从技术时代的人类处境出发，去回应最经典的哲学问题——时间、空间、实在、自然与人性。

马尔库塞：《单向度的人：发达工业社会意识形态研究》，上海译文出版社，2008年。

——在第四部分讨论"工具理性批判"时，我谈到了马尔库塞但没有文本引用，显然马尔库塞的相关思想需要参考《单向度的人》。马尔库塞作为法兰克福学派的中坚人物，继承了马克思的批判传统，但矛头不再只是指向资本主义，而是针对整个工业体系及其背后的现代性观念，现代人的理性被工业技术狭隘化了，成了不知批判的单向度的人。

图书在版编目（CIP）数据

什么是技术 / 胡翌霖著 . —长沙：湖南科学技术出版社，2020.10（2024.1重印）
ISBN 978-7-5710-0625-9

Ⅰ . ①什… Ⅱ . ①胡… Ⅲ . ①科学技术 - 研究 Ⅳ . ① G301

中国版本图书馆 CIP 数据核字 (2020) 第 120281 号

湖南科学技术出版社获得本书中文简体版中国大陆独家出版发行权

SHENME SHI JISHU
什么是技术

作者
胡翌霖

出版人
潘晓山

策划编辑
吴炜　李蓓　杨波

责任编辑
杨波

出版发行
湖南科学技术出版社

社址
长沙市芙蓉中路一段 416 号
泊富国际金融中心

网址
http://www.hnstp.com
湖南科学技术出版社

天猫旗舰店网址
http://hnkjcbs.tmall.com

印刷
长沙超峰印刷有限公司
（印装质量问题请直接与本厂联系）

厂址
宁乡县金州新区泉洲北路 100 号

邮编
410600

版次
2020 年 10 月第 1 版

印次
2024 年 1 月第 2 次印刷

开本
880mm × 1230mm　1/32

印张
7.5

字数
143 千字

书号
ISBN 978-7-5710-0625-9

定价
48.00 元